超越平凡的版式设计

解密版式设计的
四大法则

[日] 高桥佑磨 片山夏 著

林莉莉 译

U0247671

人民邮电出版社

北 京

前言

利用设计的力量使资料焕然一新

用于提出自己的构思或汇报自己成果的"幻灯片和计划书"、用于通知活动和研讨会的"海报和传单"——在计算机和办公软件（Microsoft Word和PowerPoint等）普及的今天，每个人都能轻轻松松地制作出这些资料。

尽管如此，我们却没有什么机会可以学习资料的"制作方法"。很多人本想制作一份"易理解、易阅读、易吸引人的资料"，结果要么按自己的风格制作，要么就没头没脑地制作，真是一筹莫展。可是这样是没有办法打造出优秀资料的。究其原因并不是"设计灵感"的问题，而是不知道"设计的法则"。这也是为什么模仿优秀的设计资料或使用可爱的设计模板也不能获得令人期待的效果的原因。

面向设计人员（或有此志向的人）的教材和解说书籍有很多，但是面向公司职员、教育人员、研究人员等非设计人员的的设计教材却几乎没有。更不用说用日语书写的用于制作基本资料（比如计划书、报告书、幻灯片和海报等）的解说书籍，可以说是完全没有。此外，虽然出版了很多介绍企划书的制作要领的书籍，但几乎都是关于情节构成、论述方式、言行举止方面的解说。也就是说，

在设计的基本知识得到普及之前，我们必须自己制作各种各样的资料。

本书并不是介绍小聪明的设计技巧，而是要介绍对所有资料的制作都有所帮助的"设计的基本法则"和"技巧"。本书将重点解说要点部分，如果希望5分钟、10分钟就能迅速做出漂亮的资料，那么不建议您使用本书。或许您会觉得绕了弯路，但是学会运用基础知识这才是最有效的。希望本书对众多读者的资料制作有所帮助，也希望本书能够促进商务、教育、研究等领域的顺利交流。

最后，向对本书提供照片摄影和图片的国立科学博物馆的海老原淳博士·滨崎恭美氏、东北大学的大野缘博士深表谢意。另外，向对我们这些非设计专业的理科研究者所创办的网页《传递信息的设计 研究发表的通用设计》感兴趣的读者以及推进本书出版的技术评论社的藤泽奈绪美表示衷心的感谢。

高桥佑磨 片山夏

目录

第3章 图形和图表的设计法则

第4章 版式和配色的法则 ·························95

第5章 实践 139

补充&TIPS

对信息加以设计

面向非设计人员的设计法则

■不是要令自己满意，而是要"体贴读者"

无论信件的内容多么令人感动，如果字迹不工整、很难看也无济于事。无论成果的汇报多么优秀，如果语速太快听得费劲就很难让人理解。无论商品多么有价值，如果卖相差就很容易滞销。像这样不同的信息和商品的"传递方式"会大大影响人们的兴趣和印象。

尽管如此，在工作、教育、研究领域还是能见到不少不花任何心思就可制作出来的各种各样的资料。要么是用了不好阅读的标准字体，要么是按照自己的风格随意排版，要么是使用很多自己喜欢的颜色并过度装饰。这些具有各自风格的资料，在不经意间就增加了读者的阅读负担和压力。虽然每处的阅读负担都不大，但是积少成多，结果这份资料就变成了一份令人费解的、印象糟糕的资料。

设计是讲求"法则"的。要想摆脱以上糟糕资料的印象，就得遵守法则。按照法则对信息进行设计，减轻每一处的阅读负担，这样就可以制作出一份容易理解的优秀资料了。打造一份优秀的资料，既是对读者的体贴，也是交际中的一种"礼仪"。这并不是说随意地对信息加以排版，制作一份自己满意的资料就行，而是要设计出一份"不会给读者带来不快"的资料才行。

■传递信息的设计

读者也是人，虽然职业不同语言不同，但是在是否容易理解、是否容易阅读这些感觉上基本是相通的。本书将对设计法则——"传递信息的设计"的基本内容进行解说，目的在于最大限度地提高"易理解性、易阅读性=信息的传递性"。一般的设计法则自不必说了，这里将向大家介绍面向非专业设计人员的有助于非设计人员的法则"。

根据这个法则对信息进行整理，就能打造出一份易传递，并且精练、美观、魅力十足的资料来。掌握了这个法则，还可以节约设计和排版时反复尝试所花的时间，从而提高工作效率。学习"传递信息"的法则，可谓一石三鸟啊！

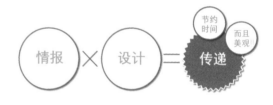

经常听到一些制作文稿资料的极端法则，例如"每一页的信息量要减少到最低限度""文字的字号越大越好"。这些法则确实并不算错误，但是在实际的商务和研究发表中，要正确地传递信息，就必须涵盖一定程度的内容(文章或图表)。越是这样的资料，信息的设计就越重要，其效果也越明显。大家把"传递信息"的法则学起来吧！摆脱掉难以理解的徒有外表的资料吧！

■"传递信息的设计"的4个功效

巧妙地对信息加以设计,不仅能够"有效地正确地传递信息",而且还能打造出美观、魅力十足的资料,从而引起读者的兴趣。但是,绝不仅仅如此哦。从真正意义上说,很重要的一点就是"整理和提炼大脑中的内容"。去除多余的要素,只选出必需的要素,再根据内容和逻辑进行设计、排版,这不正是符合自己构思、正确理解内容的做法吗?对读者的体贴以及认真地思考如何设计信息,这不仅仅是表面的功夫,更是一种内在的成长。

此外,在会议、研讨会等需要讨论的场合,如果大家拿到的都是很优秀的资料,就会促进彼此的交流。而顺利、有效的交流,必然会促进整个小组、整个公司、整个学会的发展。也就是说,对信息加以设计有"使信息容易传达""引起观众的兴趣""提炼自己的构思""促进整个团体的发展"这4个功效。

■本书的目的

本书优先考虑的并不是信息的华丽度、美观性和跃动感,而是"信息是否容易传递",并以此为准向大家解说设计的优与劣。先介绍与文字、文章、图表等主要构成要素相关的设计法则,再介绍将这些要素组合在一起的版式法则。第1章关于字体类型和文字,第2章关于文章和条目,第3章关于图形和图表,第4章关于整体的版式和配色,这些法则都有助于文稿资料、布告、传单、报告书等资料的制作。

遵守法则(做法)并不是就完全丧失了个性,本书所介绍的始终是大家发挥个性前需要遵守的。只有在遵守做法的基础上发挥个性,才能打造出更有个性更有效果的资料。

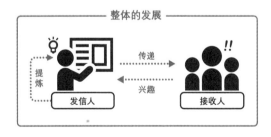

参考文献

Robin Williams，吉川典秀《非设计·设计书（ノンデザイナーズ　デザインブック）》，每日通信社，2008

田中佐代子，《面向理科学生·研究人员的PowerPoint视觉设计入门(PowerPointによる理系学生·研究者のためのビジュアルデザイン入門)》，讲谈社，2013

色盲者也能理解的通用发表方法　http ://www.nig.ac.jp/color/

1 字体类型和文字的设计法则

"资料给人留下什么样的印象以及是否容易阅读，都是由它所选择的字体类型和文字的设计决定的"，这种说法其实并不夸张。这里先让大家了解一下字体类型和字体本质，再向大家介绍文字排版的正确方法。

字体类型的基本知识

我们把文字的种类称为"字体类型"，只有了解字体类型的特性，才能因地制宜地选用文字。日文的基本字体类型是"明朝体"和"哥特体"，而西文的基本字体类型是"衬线字体"和"无衬线字体"。

■资料给人的印象以及是否容易阅读都是由文字决定的

我们试想一下手写的信件就能明白，文字本身的美观性在很大程度上影响着人们对资料的印象以及资料的易读性。也许大家没有意识到，使用计算机制作的资料也是如此，即字体类型的选择和文字的设计决定了它的印象和易读性。如右图所示，现在的计算机可以使用各种类型的字体，因此掌握字体类型的基础知识并选择有效的字体类型就变得非常重要。

まみむめ文字　**まみむめ文字**　まみむめ文字
まみむめ文字　まみむめ文字　**まみむめ文字**
まみむめ文字　まみむめ文字　まみむめ文字
まみむめ文字　まみむめ文字　まみむめ文字

AbCdEfont　AbCdEfont　AbCdEfont
AbCdEfont　*AbCdEfont*　ABCDEFONT
ABCDEFONT　AbCdEfont　AbCdEfont
AbCdEfont　*AbCdEfont*　**AbCdEfont**

各种类型的文字 ■ 不同的字形产生的印象和易读性也各不相同。

■字体类型的分类

日文（日语）字体有明朝体、哥特体、行书体、毛笔字体、POP字体和手写体等，而西文字体有衬线字体、无衬线字体、Script字体、POP字体、手写体等。准确地说除了这些字体类型外，还有一些其他的字体类型没有列出。但如右图所示，从"易读性""亲和力""个性"的角度，可以将它们各自分成四大类。

其中，日文字体中的明朝体和行书体给人传统的、高级的感觉，哥特体和POP字体给人现代的、轻松的感觉。同样的，西文字体中的衬线字体和Script字体给人高级的、稳重的感觉，而无衬线字体和POP字体给人现代的、温柔的感觉。不过，如果用错场合的话，POP字体和行书体会给人幼稚或不认真的感觉，因此使用时必须十分注意。此外，越是个性化的字体就越不容易让人看懂。

在商务和研究发表等正式场合，基本上都是使用明朝体和哥特体。

字体类型的比较 ■ 无论是日文还是西文都有好几种字体类型，但是不同的字体类型给人留下的印象差异却很大。所以，我们要因地制宜地区分使用这些字体类型哦。

■日文的基本字体类型是明朝体和哥特体

"明朝体"是横画较细，竖画较粗，且笔画的末端有"顿笔""尖端""三角形"特征的一种字体类型。"哥特体"是横画和竖画基本一样细，几乎没有三角形结构的一种字体类型。

一般情况下，明朝体是一种"可读性"较强，即使文章篇幅较长眼睛也不易疲劳的字体类型。而哥特体的"视认性"比明朝体更高，是一种识别度高、引人注目的字体类型。可见文字量较大的资料(阅读资料)更适合使用明朝体，而演示文稿等的资料(展示资料)则更适合使用哥特体。

明朝体
各个笔画的转角和末端有"三角形""顿笔""尖端"的结构特征。竖画比横画要粗。

▼

可读性强 不易疲劳 不醒目
最适合长篇文章(正文)

哥特体
各个笔画的转角和末端没有"三角形""顿笔""尖端"的结构特征。竖画和横画一样粗。

▼

视认性高 易疲劳 醒目
最适合短句和标题

■西文的基本字体类型是衬线字体和无衬线字体

制作资料时常常用到的西文字体类型是衬线字体和无衬线字体。衬线字体和明朝体一样，竖画和横画的粗细不同，笔画的开始及末端都有被称为"serif"的装饰。无衬线字体和哥特体一样，竖画和横画的粗细相同，没有"serif"的装饰。

衬线字体的"可读性"较强，而无衬线字体的"视认性"较高。因此，让人阅读的长篇文章适合使用衬线字体，而演示文稿等展示资料则适合使用无衬线字体。

衬线字体
各个笔画开始及结束的地方都有被称为"serif"的装饰。竖画比横画要粗。

▼

可读性强 不易疲劳 不醒目
最适合长篇文章(正文)

无衬线字体
各个笔画开始及结束的地方都没有"serif"的装饰。竖画和横画一样粗。

▼

视认性高 易疲劳 醒目
最适合短句和标题

补充 决定易读性的3个要素

文字或文章的易读性由可读性、视认性和判读性3个要素构成。"可读性"是指阅读文章的难易度，"视认性"是指文字的辨识度，"判读性"是指文字容不容易被误读。不同的字体类型和字体所呈现的这3个要素的性质是不同的。

可读性
是否能流畅地阅读句子和单词？

视认性
句子和单词是否比较显眼？

判读性
是否容易误解句子和单词的意思？

Column ▶ 字体类型和字体的预备知识

字体类型和字体

这里把具有相同特征或字形的文字种类称为"字体类型",把计算机里安装的一个一个的产品称为"字体"。也就是说,每一种字体类型都包含了多种字体。例如"明朝体"中就包括了MS Mincho和Hirigino Mincho字体,"哥特体"中就包括了MS Gothic和Meiryo、Hiragino Kaku Gothic等字体。

现在关于"字体类型"和"字体"的定义五花八门,很多场合并没有明确区分,而本书是基于以上的区别加以使用的。

哥特体	明朝体
MSゴシック 游ゴシック メイリオ ヒラギノ角ゴ **HGS英角ゴシックUB**	MS明朝 小塚明朝 游明朝 ヒラギノ明朝 HGS明朝B HGS明朝E

无衬线字体	衬线字体
Arail Helvetica Neue Segoe UI Corbel Calibri Century Gothic Gill Sans Futura Tahoma	Times New Roman Palatino Century Adobe Garamond Pro Adobe Caslon Pro

字体类型和字体 ■ 每一种字体类型都包含了许多字体厂商设计的多种字体。

字重(weight)和字体系列(font-family)

文字的粗细叫作"字重"。有些字体设计了多种字重,如右图所示不同字重的字的合集称为"字体系列(font-family)"。MS Gothic字体没有字体系列,但Meiryo字体却由"常规体"和"粗体"这两种字重构成。再如,Hiragino Kaku Gothic字体有W3、W6、W8这三种字重。

而在西文字体中不仅是字重,连斜体等也属于字体系列之一。以Times New Roman为例,"常规体"和"粗体"以及它们各自的斜体,一共是四种字体构成了它的字体系列。另外,如大家所见,日文字体的文字宽度不会随着字重的变化而变化,西文字体的文字宽度则会因为文字越来越粗而越来越宽。

メイリオ レギュラー **メイリオ ボールド**	Times New Roman Regular **Times New Roman Bold** *Times New Roman Italic* ***Times New Roman Bold Italic***
ヒラギノ角ゴ Pro W3 **ヒラギノ角ゴ Pro W6** **ヒラギノ角ゴ Pro W8**	Arial Regular **Arial Bold** *Arial Italic* ***Arial Bold Italic***
游明朝 Light 游明朝 Medium **游明朝体 Demibold**	Helvetica Neue UltraLight Helvetica Neue Thin Helvetica Neue Light Helvetica Neue Regular **Helvetica Neue Medium** **Helvetica Neue Bold**
游ゴシック Light 游ゴシック Medium **游ゴシック Bold**	
小塚ゴシック Pro EL 小塚ゴシック Pro L 小塚ゴシック Pro R **小塚ゴシック Pro M** **小塚ゴシック Pro B** **小塚ゴシック Pro H**	*Helvetica Neue UltraLight Italic* *Helvetica Neue Thin Italic* *Helvetica Neue Light Italic* *Helvetica Neue Regular Italic* ***Helvetica Neue Medium Italic*** ***Helvetica Neue Bold Italic***

字体系列 ■ 即使是同一种字体也会因为字重不同而产生不同的可读性、视认性和印象。西文字体会因为字形(粗体或斜体)而影响文字的宽度。

不论是日文字体还是西文字体,其很多字体都拥有多种字重可供使用。值得推荐的字体,有Kozuka Gothic、Yu Gothic、Yu Mincho、Helvetica Neue、Segoe UI等。

字体的互换性和嵌入

计算机里没有安装的字体在屏幕上是显示不了的。也就是说如果你使用了特殊的字体，在没做任何应对的情况下，直接在别人的计算机上打开了文件，计算机会自动将字体转换成其他字体，这样一来你精心制作的资料版式就变样了。因此在会议等不能使用自己计算机的情况下，如果选择互换性较低的字体将面临很大的风险。要想使用免费字体或非主流字体，还是在能够使用自己的计算机来投影或打印的场合才比较保险。

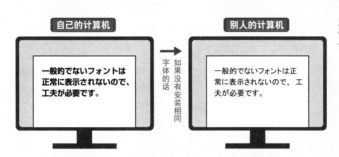

互换性 ■ 如果没有安装相同的字体，文字就会被自动转换成其他字体，有时会导致版式变形。

　如果希望资料在别人的计算机上也能显示出预想的效果，建议大家事先将资料转换为PDF格式。这样，文件中便嵌入了所用字体的数据，且显示的字体就与别人计算机上安装的字体环境没有关系了。使用Office软件时，在Windows系统中保存文件时可以在[文件的种类]中选择PDF格式，或使用导出功能将文件转换成PDF格式。而在Mac系统中可以在打印详细设置窗口中选择[保存为PDF格式]，这样就将文件转换成PDF格式了。

　另外，Windows版本的PowerPoint和Word软件中都具有"字体嵌入"的功能(但是Excel没有此项功能)。这与将文件转换成PDF格式的原理类似，也是在文件中嵌入了所用字体的数据。有了这项功能，即使在别人的计算机上也能如愿显示出想要的字体。不过需要注意的是，如果执行了字体嵌入的操作，那么在别人的计算机上就不能再对此文件进行编辑了。

避免个性化的字体类型

1-2

制作文稿资料及其他各种资料时，必须选择适合资料的字体类型。POP字体等有个性的字体通常不适用于商务场合，所以要尽量选择简洁的字体类型。

■避免使用POP字体和毛笔字体

经常听到人们说"我不希望风格太死板所以选择了POP字体"，或者"我想要呈现复古的感觉所以选择了毛笔字体"。但是选择这些字体的资料往往会给人留下不严肃的印象，而且不知不觉间会让人产生疲劳或精神紧张，从而无法专注于内容。所以如果没有充分的理由，就尽量避免使用POP字体和毛笔字体吧。

当然有些场合使用这些字体确实收到了很好的效果，但是用于商务和研究发表文章等场合使用这些字体还是比较少见的。

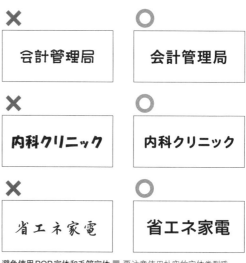

■用朴实的字体类型来提高判读性

要想准确地向别人传达信息就应注意用简单的方式进行，以免造成对方疲劳或精神紧张。字体类型方面，选择朴实的字体类型是比较理想的。避免使用POP字体和毛笔字体是对读者的一种体贴，也是一种礼仪。

避免使用POP字体和毛笔字体 ■ 要注意使用朴实的字体类型哦。

温泉宿から皷が滝へ登って行く途中に清冽な泉が湧き出ている。水は井桁の上に凸面をなして盛り上げたようになって余ったのは

温泉宿から皷が滝へ登って行く途中に清冽な泉が湧き出ている。水は井桁の上に凸面をなして盛り上げたようになって余ったのは

Many years ago, there was an Emperor, who was so excessively fond of new clothes, that he spent all his money in dress. He did not trouble himself in

温泉宿から皷が滝へ登って行く途中に清冽な泉が湧き出ている。水は井桁の上に凸面をなして盛り上げたようになって余ったのは

温泉宿から皷が滝へ登って行く途中に清冽な泉が湧き出ている。水は井桁の上に凸面をなして盛り上げたようになって余ったのは四方

Many years ago, there was an Emperor, who was so excessively fond of new clothes, that he spent all his money in dress. He did not trouble himself in

简洁的字体类型使文字容易阅读 ■ 朴实的字体类型能够提高文字的判读性和可读性。

Column ▸ 熟练运用字体类型

根据目的来选择字体类型

字体类型是源于各种各样的目的而产生的。虽然POP字体和毛笔字体不适合商务、演讲及研究发表等郑重场合，但只要正确使用也能发挥它的特长。POP字体正如其名适用于甩卖等大众场合，而毛笔字体适用于日式食品的菜单品目。而庄重、严肃的重要场合，当然还是选择没有特定倾向的字体，也就是哥特体或明朝体更为合适。

毛笔字体·手写体	明朝体·哥特体	○ POP字体
お買い得！299円	お買い得！299円	お買い得！299円
幼稚園だより	幼稚園だより	幼稚園だより
真鯛の京風和え造り	真鯛の京風和え造り	真鯛の京風和え造り
特製中華そば	特製中華そば	特製中華そば
晩秋の京都	晩秋の京都	晩秋の京都
法律事務所	法律事務所	法律事務所
京浜東北 Keihin-Tohoku Line	京浜東北線 Keihin-Tohoku Line	京浜東北線 Keihin-Tohoku Line

灵活运用字体类型的特征 ■ 根据内容的需要来选择字体类型。

阅读资料中字体类型的选择

文章可以分成"阅读文章"和"展示文章"两种。在阅读文章也就是字数比较多的资料中,选择一种可读性强的字体类型尤为重要。

■一般都使用明朝体和衬线字体

摘要、研究报告、企划书、报告书等资料的内容通常都会长达数行、数十行,这类长篇文章适合使用"明朝体"。如果使用笔画较粗的哥特体来书写长篇文章,就会如同下一页的例子一样,版面呈现黑压压的一片,从而降低了文字的可读性。

另外,西文和日文一样,当字数较多时使用衬线字体比无衬线字体更合适。

■使用较细的文字是很重要的

即使是同一种字体类型,也可能有各种粗细(字重),文字的粗细将大大影响资料的可读性。一般文字越细可读性越强,所以如果哥特体和无衬线字体使用细体的话也可以用于长篇文章。比如 Yu Gothic Light、Kozuka Gothic Light、Helvetica Light、Calibri Light 等细体字体,都可以用于长篇文章。

反过来说,没有细体的 MS Gothic 和 Arial 字体就不适合用于长篇文章。在长篇文章中使用哥特体和无衬线字体时,要十分注意其文字的粗细哦。

同样的,明朝体和衬线字体如右图所示,其粗体字体会降低文字的可读性。所以,在长篇文章中最好避免全文使用粗体。

可读性强 ←——————→ 视认性高

可读性强 ←——————→ 视认性高

字重和可读性,视认性 ■ 无论是日文还是西文,文字越细其可读性越强,文字越粗其视认性越高。因此,应根据字数的多少来区分使用。

哥特体（Hiragino Kaku Gothic W6）

ロンドンに向かう途中、カナダのグース・ベイ飛行場にて、天候回復を待つこと12時間。われわれ乗客のために、朝食に出たベーコンはうまかった。アメリカ、イギリス、フランス各国で口にしたベーコンのうち最上の味でした。5月4日午前1時ロンドン着。3日間滞在。イギリスの耐乏生活は日本のそれとは比較になりません。豊かな、羨望したいくらいのものです。なるほど、イギリス人は、見たところも実感も質素です

 明朝体（Hiragino Mincho Pro 3W）

ロンドンに向かう途中、カナダのグース・ベイ飛行場にて、天候回復を待つこと12時間。われわれ乗客のために、朝食に出たベーコンはうまかった。アメリカ、イギリス、フランス各国で口にしたベーコンのうち最上の味でした。5月4日午前1時ロンドン着。3日間滞在。イギリスの耐乏生活は日本のそれとは比較になりません。豊かな、羨望したいくらいのものです。なるほど、イギリス人は、見たところも実感も質素です

 粗体明朝体（Kozuka Mincho Pro H）

ロンドンに向かう途中、カナダのグース・ベイ飛行場にて、天候回復を待つこと12時間。われわれ乗客のために、朝食に出たベーコンはうまかった。アメリカ、イギリス、フランス各国で口にしたベーコンのうち最上の味でした。5月4日午前1時ロンドン着。3日間滞在。イギリスの耐乏生活は日本のそれとは比較になりません。豊かな、羨望したいくらいのものです。なるほど、イギリス人は、見たところも実感も質素です

 细体哥特体（Kozuka Gothic Pro L）

ロンドンに向かう途中、カナダのグース・ベイ飛行場にて、天候回復を待つこと12時間。われわれ乗客のために、朝食に出たベーコンはうまかった。アメリカ、イギリス、フランス各国で口にしたベーコンのうち最上の味でした。5月4日午前1時ロンドン着。3日間滞在。イギリスの耐乏生活は日本のそれとは比較になりません。豊かな、羨望したいくらいのものです。なるほど、イギリス人は、見たところも実感も質素です

长篇文章中使用明朝体 ■ 长篇文章中使用明朝体是最适合的，不过使用细体哥特体也是不错的。明朝体中推荐使用 Hiragino Mincho、Yu Mincho 和 Kozuka Mincho，哥特体中推荐使用 Kozuka Gothic、Yu Gothic 的细体（Light）。

 无衬线字体（Arial Bold）

Many years ago, there was an Emperor, who was so excessively fond of new clothes, that he spent all his money in dress. He did not trouble himself in the least about his soldiers; nor did he care to go either to the theatre or the chase, except for the opportunities then afforded him for displaying his new clothes. He had a different

 衬线字体（Adobe Garamond Pro）

Many years ago, there was an Emperor, who was so excessively fond of new clothes, that he spent all his money in dress. He did not trouble himself in the least about his soldiers; nor did he care to go either to the theatre or the chase, except for the opportunities then afforded him for displaying his new clothes. He had a different suit for each hour

 粗体的衬线字体（Times New Roman Bold）

Many years ago, there was an Emperor, who was so excessively fond of new clothes, that he spent all his money in dress. He did not trouble himself in the least about his soldiers; nor did he care to go either to the theatre or the chase, except for the opportunities then afforded him for displaying his new clothes. He had a

细体的无衬线字体（Calibri Light）

Many years ago, there was an Emperor, who was so excessively fond of new clothes, that he spent all his money in dress. He did not trouble himself in the least about his soldiers; nor did he care to go either to the theatre or the chase, except for the opportunities then afforded him for displaying his new clothes. He had a different suit for each hour

长篇文章中使用衬线字体 ■ 长篇文章中请使用衬线字体，不过使用无衬线字体的细体也是 OK 的。西文的衬线字体中推荐 Adobe Garamond Pro 、Times New Roman、Palatino，无衬线字体中推荐 Calibri、Segoe UI、Helvetica 的细体（Light）。

展示资料中字体类型的选择

幻灯片、海报等"展示资料"以及长篇文章中的"小标题",比起易读性能否引人注目显得更为重要。此时,就需使用视认性高的哥特体。

■一般使用哥特体

演示文稿、通知海报和传单等的资料只需清晰地显示内容的要点即可。因此比起"阅读","展示"的意图更为强烈。这些展示资料要求具有较高的视认性,因此一般都使用哥特体和无衬线字体。

■幻灯片中整体使用哥特体

在屏幕和银幕上放映演示文稿的幻灯片时,明朝体和衬线字体往往会显得模糊,不容易看清。因此,在幻灯片中还是使用哥特体和无衬线字体为好。

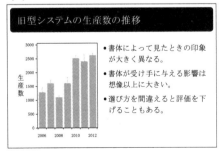

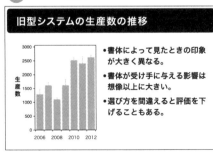

■ 标题、小标题使用哥特体

标题及文中的小标题是清晰地显示资料内容的重要因素。在长篇资料中，小标题还具有明确结构和段落的作用。因此，醒目地书写标题和小标题，能让资料结构更明晰，从而有效地加深读者对内容的理解。

即使正文使用的是明朝体和衬线字体，标题和小标题也要使用"视认性高"的哥特体，以便更好地向读者传达信息。虽然细体哥特体和明朝体看起来格调更高，但从可读性和视认性的角度来看，首选粗体哥特体。当然，英语资料中的标题和小标题应使用无衬线字体。

✖ 小标题使用明朝体

小见出しは視認性を重視

タイトルや小見出しは、資料の構造を把握し、内容を理解する上で重要な役割を果たします。ゴシック体を使ってタイトルや小見出しを目立たせると良いでしょう。

英文でも同じ

英語の資料であれば、タイトルや小見出しにサンセリフ体を用いるのが基本になります。ゴシック体と同様、視認性

● 小标题使用哥特体

小见出しは視認性を重視

タイトルや小見出しは、資料の構造を把握し、内容を理解する上で重要な役割を果たします。ゴシック体を使ってタイトルや小見出しを目立たせると良いでしょう。

英文でも同じ

英語の資料であれば、タイトルや小見出しにサンセリフ体を用いるのが基本になります。ゴシック体と同様、視認性

方便的粗体哥特体 ■ 粗体哥特体显而易见，非常醒目。无论哪种资料，我们都要增强文字的对比度。

选择更加漂亮的字体

字体类型定下来以后，就该选择字体了。选择美观的字体(或者看起来漂亮的字体)，可以让资料显得更加讲究。

■选择显示漂亮的字体

写在印刷品上的字不用在意这一点，但是屏幕和荧屏上的幻灯片却要使用 ClearType Font。ClearType Font 是一种通过抗锯齿技术将文字的轮廓变得平滑，让显示的字体更加漂亮的字体。这种字体的优点是不仅漂亮，而且眼睛不易疲劳，是对用户的一种人性化关怀。MS Gothic 和 MS Mincho 等字体因为不是 ClearType Font，所以看起来不够美观，不易阅读。因此要避免使用这些字体。而改用 Meiryo、Yu Gothic、Hiragino Kaku Gothic 等字体。

✗ MS Gothic

いろいろな事情で、ふつうの家庭では、
鮎はまず三、四寸ものを塩焼きにして食
東京の状況が

◯ Meiryo（ClearType Font）

いろいろな事情で、ふつうの家庭では、
鮎はまず三、四寸ものを塩焼きにして食
東京の状況が

ClearType font ■ MS Gothic 等字体在屏幕上显示时，呈锯齿状不易阅读。在制作幻灯片时(尤其是在 Windows 环境下)，使用 Meiryo 等比较适合。

■选择外观漂亮的字体

即使乍一看很相似的字体，它们呈现的美观度也是不同的。MS Gothic、MS Mincho、Arial、Century 等几种字体是 MS Office 的标准字体，从其得到广泛应用的角度来看它们是非常出色的，但未必称得上是漂亮的字体。

在 Windows 环境下，哥特体推荐 Meiryo 和 Yu Gothic 字体（Windows 8.1 以上），明朝体推荐 Yu Mincho（Windows 8.1 以上）等外观漂亮的字体。在 Mac 环境下，哥特体推荐 Hiragino Kaku Gothic 和 Yu Gothic 字体（OS 10.9 以上），明朝体推荐 Hiragino Mincho 和 Yu Mincho（OS 10.9 以上）字体。西文字体推荐 Calibri、Segoe UI、Palatino、Adobe Garamond Pro、Times New Roman 等外观漂亮的字体。

	哥特体	明朝体
Windows	Meiryo Yu Gothic	Yu Mincho
Mac	Hiragino Kaku Gothic Yu Gothic	Hiragino Mincho Yu Mincho

漂亮的字体 ■ 在 Windows 8.1 以上、Mac OS 10.9 以上版本的标准安装的字体中，推荐以上几种字体。

✖ MS Gothic

白鳳の森公園の自然
白鳳の森公園は多摩丘陵の南西部
に位置しています。炭焼きの行わ
れた里山が保たれています。

四季折々の植物
野生植物が500種以上が記録され
ており，希少種も観察できます。

⭕ Meiryo（上）/Yu Gothic（下）

白鳳の森公園の自然
白鳳の森公園は多摩丘陵の南西部
に位置しています。炭焼きの行わ
れた里山が保たれています。

四季折々の植物
野生植物が500種以上が記録され
ており，希少種も観察できます。

⭕ Hiragino Kaku Gothic

白鳳の森公園の自然
白鳳の森公園は多摩丘陵の南西部
に位置しています。炭焼きの行わ
れた里山が保たれています。

四季折々の植物
野生植物が500種以上が記録され
ており，希少種も観察できます。

✖ MS Mincho

白鳳の森公園の自然
白鳳の森公園は多摩丘陵の南西部
に位置しています。炭焼きの行わ
れた里山が保たれています。

四季折々の植物
野生植物が500種以上が記録されて
おり，希少種も観察できます。

⭕ Hiragino Mincho

白鳳の森公園の自然
白鳳の森公園は多摩丘陵の南西
部に位置しています。炭焼きの行わ
れた里山が保たれています。

四季折々の植物
野生植物が500種以上が記録されて
おり，希少種も観察できます。

⭕ Yu Mincho

白鳳の森公園の自然
白鳳の森公園は多摩丘陵の南西部
に位置しています。炭焼きの行わ
れた里山が保たれています。

四季折々の植物
野生植物が500種以上が記録されて
おり，希少種も観察できます。

漂亮的日文字体 ■ 选择更加漂亮的字体，能让资料看起来更加讲究，其效果远比想象的好。另外，Yu Gothic 和 Yu Mincho 字体在 Windows 和 Mac 系统中都能使用（均限于最新的操作系统）。

✖ Arial

The Emperor's New Clothes
Many years ago, there was an
Emperor, who was so exces-
sively fond of new clothes, that
he spent all his money in dress.
He did not trouble himself in the
least about his soldiers.

⭕ Calibri

The Emperor's New Clothes
Many years ago, there was an
Emperor, who was so excessively
fond of new clothes, that he spent
all his money in dress. He did not
trouble himself in the least about
his soldiers.

⭕ Segoe UI

The Emperor's New Clothes
Many years ago, there was an
Emperor, who was so exces-
sively fond of new clothes, that
he spent all his money in dress.
He did not trouble himself in
the least about his soldiers.

✖ Century

The Emperor's New Clothes
Many years ago, there was an
Emperor, who was so exces-
sively fond of new clothes, that
he spent all his money in dress.
He did not trouble himself in
the least about his soldiers.

⭕ Times New Roman

The Emperor's New Clothes
Many years ago, there was an
Emperor, who was so excessively
fond of new clothes, that he spent
all his money in dress. He did not
trouble himself in the least about
his soldiers.

⭕ Adobe Garamond Pro

The Emperor's New Clothes
Many years ago, there was an
Emperor, who was so excessively
fond of new clothes, that he spent
all his money in dress. He did not
trouble himself in the least about
his soldiers.

漂亮的西文字体 ■ 推荐无衬线字体中的 Helvetica 字体和衬线字体中的 Palatino 字体。

选择判读性高的字体

由于距离和视力的不同，人们对幻灯片和布告的可视程度也是不同的。为了制作出能让尽可能多的人都容易观看的通用化设计，就必须提高文字的判读性。

■误读率较低的字体

日文文字的面宽越大、字腔越大(即中间凹进去的部分)，判断性就越高，从而越能降低误读率。与MS Gothic相比，Meiryo等现代哥特体的字体设计的面宽较大，字腔也较大。布告事项和引导标识等适合选择这些判读性高的字体。

西文字体要选择能容易区分a和o、S和5、O和C等形近字的字体。Arial字体的开口小，判读性较低；Century Gothic字体难以区分形近字，判读性也较低。而Segoe UI等字体的判读性则较高。

【判读性低】　　　　　　【判读性高】

文字的面宽小　　　　　　文字的面宽大

字腔小　　　　　　　　　字腔大

▲日文字体 ■ 与MS Gothic(左)相比，Meiryo(右)的文字面宽大，字腔也较大。

◀西文字体 ■ 与Arial(左上)、Century Gothic(左下)相比，Segoe UI(右边的两例)的判读性较高。

【判读性低】　　　　　　【判读性高】

3S5C → 3S5C
开口小　　　　　　　　　开口大

aoe1l → aoe1l
不易区分形近字　　　　　易区分形近字

判読性の低いフォント

●誤読をなくすためには、判読性の高い書体を使う必要があります。

●日本語の場合は一般的に字面の大きいフォントほど判読性が高いと言われています。

Biology is a natural science concerned with the study of life and living organisms, including their structure, function, growth, evolution, distribution, and taxonomy.

判読性の高いフォント

●誤読をなくすためには、判読性の高い書体を使う必要があります。

●日本語の場合は一般的に字面の大きいフォントほど判読性が高いと言われています。

Biology is a natural science concerned with the study of life and living organisms, including their structure, function, growth, evolution, distribution, and taxonomy.

重视判读性 ■ 我们要使用判读性高的字体来减少误读。左图是MS Gothic和Century Gothic组合的例子，右图是Meiryo和Segoe UI组合的例子。左右两边的文字大小是相同的。

Column ▸ Universal Design Font

需求高涨的文字无障碍化

Universal Design Font（UD Font）是一种旨在提高文字判读性的字体。

Mac系统中标准安装的Hiragino Kaku Gothic，是一种十分美观、易读的字体。但是它很难辨别浊音和半浊音，也很难区分相似的数字和字母。

而下图所示的UD Font，则很容易区分浊音和半浊音。并且它的数字和字母如图中蓝色圆点所显示的部分空间大，因此很容易区别形近字（如9和C、3和8等）。

如下图所示，UD Font的另一个特征在于它最大限度地去掉了文字中的细节部分（如装饰等），使文字变得简洁，从而提高了判读性。

近年来，许多字体供应商都在销售各种各样的UD Font。不仅是哥特体，明朝体的UD Font也在增加。我们能看到它被越来越多地运用于电视遥控器、食品和药品说明书以及其他各种各样的说明书中，而且这样的需求还将越来越大。

一般的日文字体（Hiragino Kaku Gothic）

パバピビプブ
パバピビプブ
38S5OC
38 S5 OC

UD Font（Iwata UD）

パバピビプブ
パバピビプブ
38S5OC
38 S5 OC

一般的字体和UD Font ■ UD Font的判读性更高。

非UD Font
UD Font
品川駅
品川駅

具体的なご
生涯保障に「楽しみ」を
新ながいき
（おたのしみ
新ながいきくん

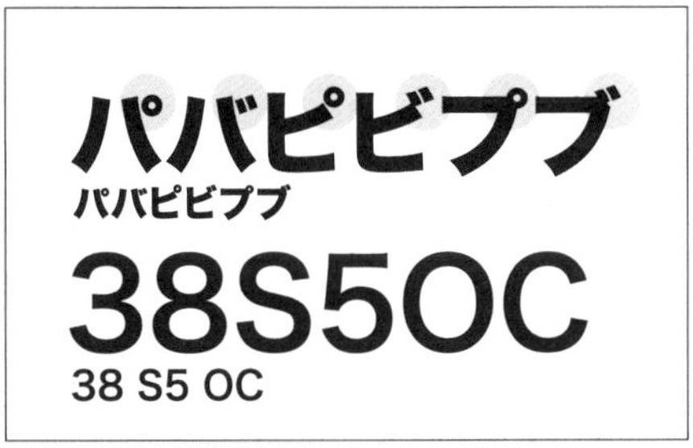

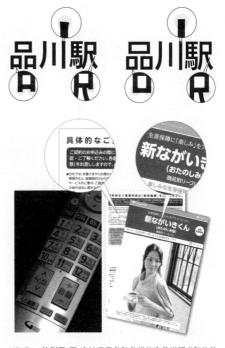

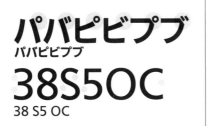

UD Font的例子 ■ 它被用于各种各样的商品说明书和传单等资料中。

粗体和斜体的使用方法

1-7

要想突出文字，使用粗体(Bold)是一种很有效的方法。另外，西文文字有时也使用斜体。用计算机制作资料时，请使用"有相应粗体"或"有相应斜体"的字体。

■要小心仿粗体

MS Gothic 和 MS Mincho 等日文字体没有相应的粗体（没有设计粗体）。即使在 Word 和 PowerPoint 中对这些字体按下加粗按钮，也只是对原来的文字进行描边加粗处理（仿粗体）而已。

右图所示就是仿粗体的例子。仿粗体既不美观也不突出，而且使文字发虚，字间距也变宽，因而降低了文字的可读性、视认性和判读性。

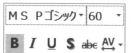

加粗按钮 ■ 虽然按下按钮就能轻轻松松地加粗文字，但是…

✕ 仿粗体

MSゴシック	B→	**MSゴシック**
MS明朝	B→	MS明朝
HG創英角ゴシック	B→	**HG創英角ゴシック**
Century	B→	Century

仿粗体 ■ 没有相应粗体的字体是无法得到充分的加粗效果的。

■解决方案① | 使用有相应粗体的字体

要想在资料中使用粗体文字，最好的方法就是选择有相应粗体的字体。所谓有相应粗体的字体，指的是该字体有多种字重，是一组系列字体。（请参照P.14）计算机里标准安装的字体中，如 Meiryo、Yu Gothic、Yu Mincho、Hiragino Kaku Gothic、Hiragino Mincho 等字体只要按下按钮，就会变成字重粗的文字。而西文字体中除了 Century 之外，几乎所有的主要字体都有相应的粗体。

不过在日文字体的情况下，即使该字体有相应的粗体，有的软件的按钮也不起作用，而会生成仿粗体（例如，在 MS Office 软件中 Hiragino Kaku Gothic、Hiragino Mincho 字体就会变成仿粗体）。这时，我们可以试试解决方案②。

〇 真正的粗体

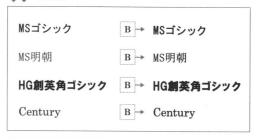

メイリオ	B→	**メイリオ**
ヒラギノ角ゴ	B→	**ヒラギノ角ゴ**
游ゴシック	B→	**游ゴシック**
游明朝	B→	**游明朝**
Times	B→	**Times**
Segoe UI	B→	**Segoe UI**

真正的粗体 ■ 有相应粗体的字体才会生成很漂亮的粗体。

■解决方案② | 手动选择其他的字重

当计算机里安装的字体有多种字重时，那么字体一览中就会显示出各种字重的字体。例如，Meiryo字体中有常规体和粗体，Hiragino Kaku Gothic字体中有W3、W6、W8三种字重，而Yu Gothic字体中也包含了细体和粗体。虽然这些字体有时只要按下按钮就会自动转换为别的字重的，但是在有些软件中则会生成仿粗体。这时就要像右图所示那样，从字体一览中手动选择。这种方法不仅可以用来选择粗体，也可以用来选择细体。

另外，虽然名字不同，但MS Gothic和HG Gothic却属于同系列的字体。所以HGS Gothic E可以作为MS Gothic的粗体来使用，同样HGS Mincho也可以作为MS Mincho的粗体来使用。

ヒラギノ角ゴ W3	→	**ヒラギノ角ゴ W6**
ヒラギノ明朝 W3	→	**ヒラギノ明朝 W6**
小塚ゴシック R	→	**小塚ゴシック B**
游ゴシック M	→	**游ゴシック B**
MS ゴシック	→	HGS ゴシック E
MS 明朝	→	HGS 明朝 E

字重 ■ 如果使用的字体有多种字重，那么它就有漂亮的粗体可供使用。

选择方法 ■ 不要通过按下**B**按钮来加粗文字，而要从字体一览中选择同系列字体的粗体。

■斜体的使用方法

日文字体完全没有相应的斜体，所以不建议大家使用。但是，英语却常常需要强调或赋予文字特殊的意义而使用斜体(Italic体)。这时和粗体一样，需要使用有相应斜体的西文字体(字体系列中含有斜体的字体)。几乎所有的西文字体都有相应的斜体，不过Century和Tahoma等少部分字体没有相应的斜体，它们只能生成文字歪斜的"仿斜体"。

如果考虑使用粗体和斜体，那么使用Times New Roman、Palatino、Segoe UI和Calibri等字体是比较理想的。

✗ 仿斜体

Century	*I*→	*Century*
Tahoma	*I*→	*Tahoma*

○ 真正的斜体

Times	*I*→	*Times*
Palatino	*I*→	*Palatino*
Segoe UI	*I*→	*Segoe UI*
Calibri	*I*→	*Calibri*

西文字体的斜体 ■ 想使用西文字体的斜体时，要使用有相应斜体的字体。可以看出，真正的斜体文字其a、e和n的字形是不一样的。

1-8

推荐的字体

到这里为止，已经向大家介绍了几种字体选择的要点。不过在实际选择字体时，因数量太多也着实令人烦恼。因此，在这里向大家推荐几款日文和西文字体。

■日文字体

	选择美观性和易读性的话		优先选择互换性的话		使用免费字体的话	
哥特体	Meiryo 相应的粗体 美しい**文字**だ		Meiryo 相应的粗体 美しい**文字**だ		Noto Sans Japanese（字重丰富） 相应的粗体 美しい**文**字だ	
	Hiragino Kaku Gothic Pro 相应的粗体 美しい**文字**だ		MS Gothic 美しい文字だ		MigMix 1p 相应的粗体 美しい**文字**だ	
	Hiragino Kaku Gothic W8 **美しい文字だ**		Yu Gothic 相应的粗体 美しい**文字**だ		M+1C（字重丰富） 相应的粗体 美しい**文**字だ	
	Yu Gothic 相应的粗体 美しい**文字**だ		HGSSoeiKakugothicUB **美しい文字だ**		IPAex Gothic 美しい文字だ	
明朝体	Hiragino Mincho 相应的粗体 美しい**文字**だ		Yu Mincho 相应的粗体 美しい**文字**だ		IPAex Mincho 美しい文字だ	
	Yu Mincho 相应的粗体 美しい**文字**だ		MS Mincho 美しい文字だ			

制作演示文稿、海报、计划书等"展示资料"时，应首选美观、易读的Meiryo（特别是在Windows中）或Hiragino Kaku Gothic（在Mac中）字体。如果Windows和Mac都是最新的操作系统，那么也可以使用Yu Gothic字体。Yu Gothic的字重很丰富，是非常实用的字体（在Windows系统中它还有细体）。

书写长篇资料时，如果是Windows系统使用Yu Mincho（字体的字重很丰富）比较合适，如果是Mac系统则使用Hiragino Mincho比较合适。如果没有这些字体，就使用MS Mincho或HGS Mincho。

另外，软件中附带的一些字体（如Kozuka Gothic、Ryo Gothic、Kozuka Mincho）也是很漂亮的。免费字体中也有一些有用的字体，但要注意它们的互换性比较低。

推荐的日文字体 ■ 蓝色的文字是大力推荐的字体。文字的字重发生改变的，就是其对应的粗体或细体。"WIN"的意思是Windows系统中标准安装的字体，"Mac"的意思是Mac系统中标准安装的字体（全都是最新的操作系统）。如果安装了MS Office软件，那么在Mac系统中也能使用MS Gothic、MS Mincho和Meiryo等字体。

补充 日文免费字体

日文免费字体中可推荐的字体为数不多。Noto Sans Japanese、MigMix 1P和M+1C等字体的判读性较高，适用于"演示资料"。而IPAex Gothic和IPAex Mincho的可读性较强，适合用于字数较多的"阅读资料"。

■西文字体

	选择美观性和易读性的话		优先选择互换性的话	
无衬线字体	**Segoe UI** 相应的粗体 Typo*graphy* **bold** 123		**Calibri** 相应的粗体 Typo*graphy* **bold** 123	
	Calibri 相应的粗体 Typo***graphy*** **bold** 123		**Arial** 相应的粗体 Typo*graphy* **bold** 123	
	Helvetica Neue 相应的粗体 Typo*graphy* **bold** 123		**Corbel** 相应的粗体 Typo*graphy* **bold** 123	
	Avenir Next 相应的粗体 Typo*graphy* **bold** 123		**Myriad Pro** 相应的粗体 Typo*graphy* **bold** 123	
衬线字体	**Palatino** 相应的粗体 Typo*graphy* **bold** 123		**Times New Roman** 相应的粗体 Typo*graphy* **bold** 123	
	Adobe Garamond Pro 相应的粗体 Typo*graphy* **bold** 123		**Adobe Caslon Pro** 相应的粗体 Typo*graphy* **bold** 123	

下面为演示文稿等展示资料选择漂亮的字体。Windows 系统中的 Calibri、Segoe UI、Myriad Pro 等无衬线字体的互换性、判读性、可读性和美观性都比较高。其中，Segoe UI 和 Myriad Pro 还有丰富的字重可选。在 Mac 系统中，也可以使用 Helvetica Neue 这种既美观字重又丰富的无衬线字体。

如果优先考虑可读性的话，推荐 Palatino、Times New Roman、Adobe Garamond Pro 和 Adobe Caslon Pro 字体。如果优先考虑互换性的话，Arial 和 Times New Roman 是很适合的字体。Century 的互换性虽然很高，但考虑到它的可读性、判读性和美观性，还是避免使用的好。

如果安装了 Adobe 产品，就可以使用 Adobe Garamond Pro 和 Adobe Caslon Pro 等字体。西文字体中也有很多免费字体，这里就不作解说了。

推荐的西文字体 ■ 蓝色部分的文字就是特别推荐的字体。这里推荐的字体都是有相应粗体和斜体的字体。"WIN" 的意思是 Windows 系统标准安装的字体，"Mac" 的意思是 Mac 系统标准安装的字体（全都是最新的操作系统）。不过 Windows 系统的计算机，不同的厂家标准安装的字体有可能不同。

补充 西文字体的读音
一般是按如下发音的。

Calibri 　カリブリ
Segoe 　シーゴー
Myriad 　ミリアド
Helvetica Neue 　ヘルベチカ ノイエ
Palatino 　パラティノ
Garamond 　ギャラモン
Caslon 　キャズロン
Avenir 　アヴェニール
Corbel 　コーベル
Arial 　エイリアル

西文字体的使用方法

有些日本人对西文不熟悉，或对西文字体不太敏感。我们经常能看到用日文字体来书写西文的场景，所以使用西文字体时需要比日文字体更加细心。

■西文中不要使用日文字体

将日文制作的幻灯片资料翻译成英语资料的时候，如果不改变字体的设置，就会默认采用日文字体。另外，为西文文章选择字体时，也有可能会选择自己熟悉的日文字体。

但是，西文中避免使用日文字体才是明智的。因为日文字体并不是为西文量身定制的字体，而且如下页所述，有些日文字体(比如 MS Gothic)书写出来的字母是等宽字体，这会明显降低它的可读性。因此，书写西文时应使用西文字体。

再说一些没有安装日语的外国计算机在碰到日文字体时，就会自动将字体转换成别的字体，造成排版错乱。因此，西文中使用西文字体才是最明智的。

✖ 日文的等宽字体

ABC English School

○ 西文的比例字体

ABC English School

不要使用日文字体书写西文 ■ 长篇的西文资料如果使用日文字体或许只会让人觉得不好阅读，而告示牌和广告牌等展示资料中的西文如果使用日文字体就会使人们对它的印象变差。所以还是使用西文字体比较漂亮，可读性也比较强。

✖ 日文的等宽字体(MS 明朝体、MS Gothic)

BIOLOGICAL SCIENCE
Biology is a natural science concerned
with the study of life and living
organisms, including their structure,
function, growth, evolution, distribution,
and taxonomy.

BIOLOGICAL SCIENCE
Biology is a natural science concerned with
the study of life and living organisms,
including their structure, function, growth,
evolution, distribution, and taxonomy.

○ 西文字体(Adobe Garamond 、Calibri)

BIOLOGICAL SCIENCE
Biology is a natural science concerned with the
study of life and living organisms, including
their structure, function, growth, evolution,
distribution, and taxonomy.

BIOLOGICAL SCIENCE
Biology is a natural science concerned with the
study of life and living organisms, including their
structure, function, growth, evolution,
distribution, and taxonomy.

西文和日文字体 ■ 上部分是用日文字体书写英文字母的例子。蓝色的圆点所显示的空白太醒目，降低了可读性和视认性。与下部分用 Adobe Garamond 、Calibri 书写的例子相比，哪个比较容易阅读可谓一目了然。

■西文中使用比例字体

当然，并不是所有的西文字体都容易阅读。几乎所有的西文字体都是比例字体，但也有一些是等宽字体。等宽字体就是指所有字母宽度都相同的字体。当某些字母组合在一起时，它们之间会产生不自然的空隙。

比例字体中不同的字母有不同的宽度，而且会根据不同的字母组合(比如A和T等)来调整字母宽度。要写出容易阅读的西文，使用比例字体就是铁一般的法则。

大多数西文字体都是比例字体，不需要怎么操心，但是OCRB（用于机器读取的字体）、Courier New（模仿打字机的字体）、Andare Mono等是等宽字体。用这些字体来书写西文，会出现右图所示的多余空白，使字母变得零碎不连贯。所以，只要没有充分的理由就不要使用它们。

等宽字体和某些日文字体

Originality

比例字体

Originality

比例字体和等宽字体 ■ 与等宽字体相比，比例字体会根据字母的组合来调整字母的宽度，因此整体显得更加协调。

✖ 等宽字体(Andare Mono)

Biological science
Biology is a natural science
concerned with the study of life and
living organisms, including their
structure, function, growth,
evolution, distribution, and
taxonomy.

⬤ 比例字体(Segoe UI)　(Segoe UI)

Biological science
Biology is a natural science concerned with
the study of life and living organisms,
including their structure, function, growth,
evolution, distribution, and taxonomy.

等宽字体 ■ 西文的等宽字体会产生大量多余的空白，使单词不易识别从而降低文字的可读性。所以没有使用等宽字体的理由时，还是使用比例字体吧。

日文和西文混杂的资料

只有日文文字的资料还不用那么小心，但是当资料中混有英文和数字时就需要格外小心了。英文和数字要使用与日文字体搭配良好的西文字体。

■仅英文和数字使用西文字体

对日文中混杂的英文和数字使用的字体不能粗心大意。Meiryo、Hiragino Kaku Gothic、Yu Gothic、Yu Mincho等部分日文字体设计了易读且和日文字体搭配良好的英文和数字，使用时问题不大。但是应注意，不要把MS Gothic和MS Mincho等宽日文字体用于英文和数字中。

右图和下图的例子说明了英文和数字如果使用等宽日文字体，文字间和单词间就会产生不自然的空隙，从而降低可读性。

日文中混有英文和数字时，为了提高可读性，也为了使文字搭配更美观，要使用英文和数字易读又漂亮的日文字体，或者使用西文字体来书写英文和数字。制作海报、幻灯片和布告等展示资料时，这种考虑显得尤为重要。

另外，虽然日文字体中的英文和数字既有全角也有半角模式，不过通常文字选择半角模式。

✗ 英文和数字难读的日文字体

HGSSoeiKakugothicUB
今なら Trip Point が 3.5 倍
MS Gothic
今なら trip point が 3.5 倍
MS Mincho
今なら Trip point が 3.5 倍

○ 英文和数字易读的日文字体

Meiryo Bold
今なら Trip Point が 3.5 倍
Yu Gothic
今なら Trip Point が 3.5 倍
Yu Mincho
今なら Trip Point が 3.5 倍

英文和数字OK的日文字体 ■ 有一些日文字体用来书写英文和数字时既不好看也不易读，但是 Meiryo、Yu Gothic、Hiragino Kaku Gothic 和 Yu Mincho 等字体书写的英文和数字是不错的。

✗ 使用日文字体的英文和数字

日文 MS Gothic **英文和数字** MS Gothic
到着ロビー（Arrival Lobby）内の食堂 Blue Skyは、毎朝9:00から営業しています。詳細はInformationのチラシを

○ 使用日文字体的英文和数字

日文 MS Gothic **英文和数字** Helvetica Neue
到着ロビー（Arrival Lobby）内の食堂 Blue Skyは、毎朝9:00から営業しています。詳細はInformationのチラシを

✗ 使用西文字体的英文和数字

日文 MS Mincho **英文和数字** MS Mincho
到着ロビー（Arrival Lobby）内の食堂 Blue Skyは、毎朝9:00から営業しています。詳細はInformationのチラシを

○ 使用西文字体的英文和数字

日文 MS Mincho **英文和数字** Adobe Garamond Pro
到着ロビー（Arrival Lobby）内の食堂 Blue Skyは、毎朝9:00から営業しています。詳細はInformationのチラシをご

用西文字体书写英文和数字时 ■ 两例子中的上部分例子是所有文字都使用日文字体的资料，下部分例子是英文和数字使用西文字体的资料。可以看出日文中混杂的英文和数字，使用西文字体会更美观、更易读。

■搭配良好的日文字体和西文字体的组合

① 气氛要融洽

日文字体和西文字体组合使用时,最重要的日文和英文、数字看起来要融洽。如果日文使用了哥特体,那么英文和数字就搭配使用无衬线体(Segoe UI、Helvetica等);如果日文使用了明朝体,那么英文和数字就搭配使用衬线体(Times New Roman、Adobe Garamond等)。

❌ 日文与英文、数字的气氛不融洽

> 日文 MS Gothic　英文和数字 Times New Roman
>
> 到着ロビー(Arrival Lobby)内の食堂 Blue Skyは、毎朝9:00から営業しています。詳細はInformationのチラシをご

⭕ 气氛融洽

> 日文 MS Gothic　英文和数字 Arial
>
> 到着ロビー(Arrival Lobby)内の食堂 Blue Skyは、毎朝9:00から営業しています。詳細はInformationのチラシを

② 大小要协调

西文字体看起来通常都要比日文字体小些。因此和日文字体搭配使用时,选择文字面宽大的西文字体比较般配。Helvetica和Segoe UI就是文字面宽比较大的字体。如果十分在意英文字母的大小,可以把英文和数字的字号稍微调大些,使之看起来更加协调。

❌ 英文和数字显得有些小

> 日文 Meiryo　英文和数字 Calibri
>
> 到着ロビー(Arrival Lobby)内の食堂 Blue Skyは、毎朝9:00から営業しています。詳細はInformationのチラシをご

⭕ 大小协调

> 日文 Meiryo　英文和数字 Segoe UI
>
> 到着ロビー(Arrival Lobby)内の食堂 Blue Skyは、毎朝9:00から営業して います。詳細はInformationのチラシを

③ 粗细要协调

和其他文字相比,英文和数字显得略粗或略细,都会影响阅读的流畅性。Century在普通的字重下就显得比较粗,它和MS Mincho这些较细的明朝体搭配在一起时就会显得不协调(英文和数字很突出不好阅读)。但是,Times New Roman、Adobe Garamond Pro等字体和MS Mincho、Hiragino Mincho、Yu Mincho的搭配还不错。

❌ 英文和数字显得有些粗

> 日文 MS Mincho　英文和数字 Century
>
> 到着ロビー(Arrival Lobby)内の食堂 Blue Skyは、毎朝9:00から営業して います。詳細はInformationのチラシ

⭕ 粗细协调

> 日文 Yu Mincho　英文和数字 Times New Roman
>
> 到着ロビー(Arrival Lobby)内の食堂 Blue Skyは、毎朝9:00から営業しています。詳細はInformationのチラシをご

数字的强调

在制作资料时,经常会碰到"50%OFF" "增加200个"之类具体数值很重要的情况。像演示文稿这样的展示资料,如果对数值的显示方法进行精心设计就会收到很可观的效果。

■数字大、单位小

要强调演示文稿和海报中的数值时,如果数值的单位写得太大,就会降低人们对数值的印象,使数值不好辨认和记忆。

从右图的例子中我们可看出,如果把单位写得比数字小些,数字就比较容易辨认并且会给人留下比较深刻的印象。如果把星期也当作单位来书写的话,年月日和星期的写法会更有魅力哦。

当然,数字不要使用日文字体,而要使用西文字体。这样,才更容易辨认也更漂亮。图表中包含数字时,也建议大家把单位写得小一些。

✕ 单位大小不变

50%	-9kg	¥300
50回	10周年	3人前
9月28日(金)开催!		

○ 把单位写小些

50%	-9kg	¥300
50回	10周年	3人前
9月28日(金)开催!		

只强调数字 ■ 当资料中出现数值时,大多数情况下数字都比单位重要。把单位写小些,能起到强调数字的作用。

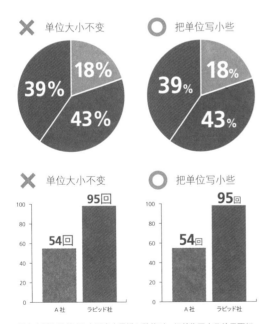

✕ 单位大小不变 — 39% 18% 43%

○ 把单位写小些 — 39% 18% 43%

✕ 单位大小不变 — 95回 54回 A社 ラピッド社

○ 把单位写小些 — 95回 54回 A社 ラピッド社

图表中插入数值 ■ 在图表中需插入数值时,把单位写小些效果更好。

Column ▶ 使用连字更漂亮

相邻的字母与连字

书写西文时，经常会产生字母和字母相碰或太靠近的问题。这不仅不够美观，还会降低文字的易读性。如果是书写小号的字母或长篇文章倒是不用在意这个问题，但是书写标题和大号的字母时就需要"使用连字"来解决了。所谓的"连字"就是当相邻的字母"f和l""f和i""f和f""t和i"排列在一起时，让两个字母合成一个字母的特殊字形。因此，使用连字既可以提高可读性又可以提高美观性。

普通字母

使用连字

试试连字 ■ "fi""fl""ffl""Th"等字母靠近或触碰时会显得不好看，所以书写大号的字母时不妨试试使用连字。像 Calibri 这样的字体，通常都会自动使用连字的。

Illustrator、PowerPoint 和 Keynote 等软件在碰到这些字母排列在一起时，大部分文字都会自动转换成连字。而 Word（至少 2007 版本以上）软件，需先把语言设置改成 [英语]，再把字体设置对话框中的 [详细设置] 的连字功能激活，这样就可以了。不过，要注意有些字体是没有设计连字的。

普通字母

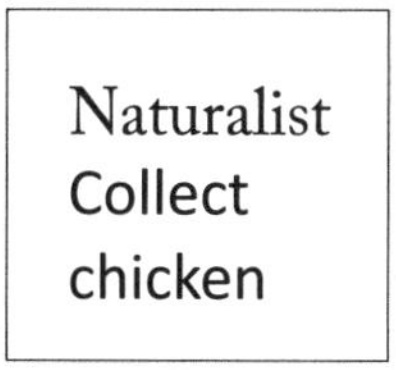

使用连字

极端的连字 ■ 有时会自动生成难以使用的极端的连字，例如上图中的 "st" "ct" "ch" "ck" 也是连字。可是这样一来文字反而不好读，所以没必要把连字运用到这种程度。

文字不要变形、不要过度装饰

大家常常会在资料中想要引人注目的部分和想要突出的文字上动脑筋，但切忌装饰过度。文字过于醒目，反而会降低它的易读性。

■文字不要变形

经常看到人们为了突出文字，或者为了让文字容纳在有限的空间里，会像右图那样对文字进行极端的变形。即使使用的是简单清晰的字体，但如果通过横向或纵向拉伸文字，使其改变横竖比例，就会使文字变得不好阅读、容易误读。没有变形的文字才是最容易阅读的，所以设计的时候不要让文字变形。

✘ 变形的文字

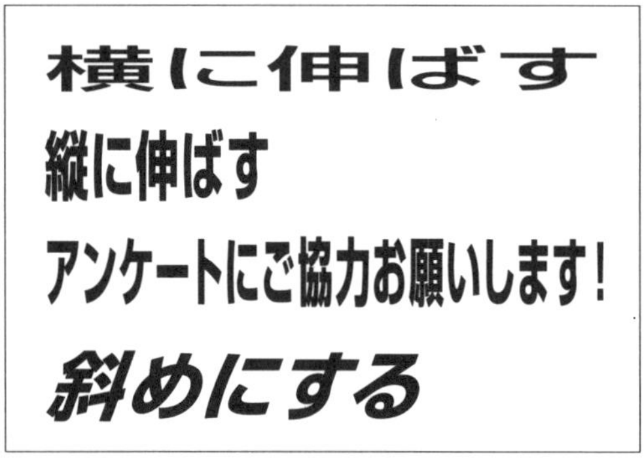

如果文字变形了…… ■ 会有损其易读性和美观性。

■不要过度装饰

PowerPoint和Word等软件能够轻易地给文字添加"轮廓""阴影"等装饰。但是文字添加轮廓后就会发虚，添加阴影或镜面反射后也会降低它的可读性、视认性和判读性。不仅如此，还会异常显眼，让人感觉不舒服。

　　想突出文字时只要做些简单的装饰，如改变文字的粗细、大小、颜色等，就能收到很好的效果了。

✘ 过度装饰

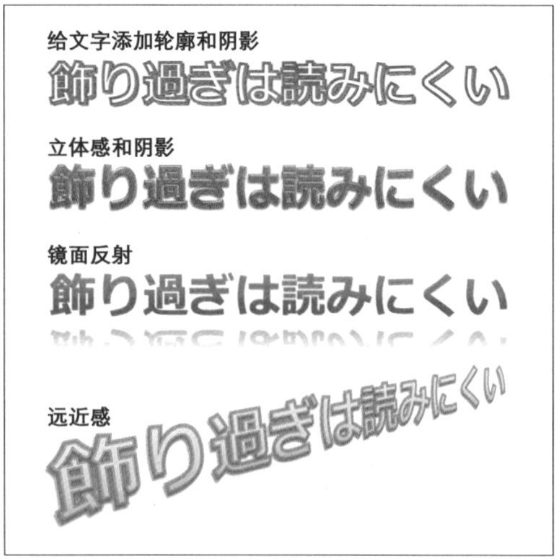

给文字添加轮廓和阴影

立体感和阴影

镜面反射

远近感

如果过度装饰文字…… ■ 过度的装饰也是导致易读性和美观性降低的重要原因。尤其是不要同时使用多种装饰（如 改变颜色＋添加阴影＋增加远近感）。

> **补充** 不要使用1字节的文字
>
> 经常看到人们因为空白不足而使用1字节的片假名（即半角片假名），坚决不能这么做。因为这和变形的文字一样，会使文字不易识别并降低可读性。

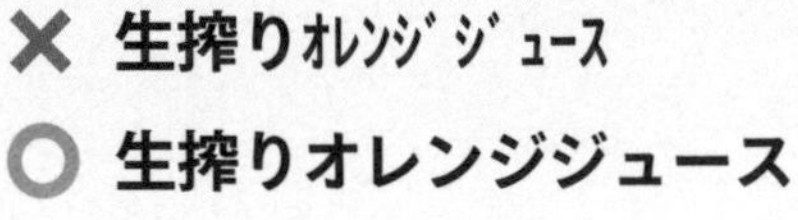

Technic ▶ 利用描边字体提高易读性

为图画和照片配字时

文字的背景有时是一张照片或是一张颜色复杂的画，或是一张明暗反差极大的插图，无论为其配上什么颜色的文字都不易阅读。

这时，为其添加"轮廓"就能看清文字。但是在PowerPoint中给文字添加轮廓的话，会使文字发虚。"文字很细不会太模糊，没关系的"这种想法可不对，因为文字或多或少的模糊都会降低它的视认性和判读性。

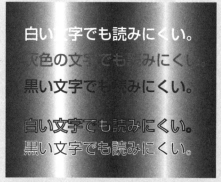

背景上的文字 ■ 在这样的背景上，无论什么颜色的文字都不易看清(上面三行)。即使为其添加轮廓，文字也还是模糊不清、不易阅读(下面两行)。

使用描边字体

虽然也可以给文字添加阴影和光晕效果，但最有效的方法是使用描边字体。也就是在文字不发生模糊的前提下，在它的周围添加漂亮的轮廓。

描边字体的制作方法(PowerPoint) ■ 首先，如图所示通过复制粘贴将文本内容复制成两份。只对其中一个文本内容添加轮廓(在[格式设置]或[文字轮廓]中设置文本的颜色和粗细)，并用作底纹。其次，利用对齐功能将两个文本内容完美地重叠在一起就完成啦！(参照p.103的Technic)

✗ 文字很难看清

○ 文字容易看清

使用描边字体 ■ 像这样利用描边字体后，即使有背景也能看清文字。不过，轮廓线条的颜色并不是随意的，而是使用背景图像或照片中出现的颜色才比较好。例如在上一张照片中，如果用黑色、白色或绿色构成它的轮廓线条就会很漂亮。

1 根据目的选择字体类型

- ☐ 长篇文章中使用明朝体或衬线字体（或细的字体）。
- ☐ 演示文稿中使用哥特体或无衬线字体。
- ☐ 避免使用POP字体和毛笔字体（行书体）。

2 使用既美观又有相应粗体的字体

- ☐ 长篇文章中不要使用MS Mincho和Century，而要使用Yu Mincho和Hiragino Mincho。
- ☐ 幻灯片中不要使用MS Gothic和Arial，而要使用Meiryo、Hiragino Kaku Gothic和Yu Gothic。
- ☐ 使用有相应粗体的字体或具有多种字重的字体（如Meiryo、Hiragino Kaku Gothic、Yu Gothic、Yu Mincho等）。

3 英文和数字要使用西文字体

- ☐ 英文和数字要使用西文字体。
- ☐ 日文和西文混杂时，英文和数字得使用西文字体。
- ☐ 使用和日文字体搭配良好的西文字体。

4 避免过度装饰文字

- ☐ 不要横向或纵向拉伸文字。
- ☐ 不要对文字进行诸如添加阴影、轮廓、立体感等的过度装饰。

2 文章和条目的设计法则

并不是选择了易读的字体类型或使用了大号的文字，文章就一定
容易阅读。这里将为大家介绍制作易读资料的版式法则。

文字的设置（文字排版）

要想提高资料的可读性、视认性和判读性，"文字的设置"也是其中一项重要的要素。花些心思一点一点去设计，就能让资料好读得多、漂亮得多。

■文章中包含的各种要素

无论是长篇文章还是条目式资料，都是基于一些共同的要素写成的。其中，具有代表性的有文字大小、行间距、字间距、行长、分栏、缩进（空格）、段落、段间距等。

　如果善于设置这些要素，就能制作出易于阅读的资料。下面一边展示这些要素的重要性，一边对它们的设置方法进行解说。总之，文字的排版方式将大大影响资料的易读性。

　　　字间距　文字大小
先生 と 呼んでいた

　　　　　　　　　　　　　　　　行长
　缩进　■私はその人を常に先生と呼んでい　　て海水浴に行った友達からぜひ来い
　　　　た。だからここでもただ先生と書く　　という端書を受け取ったので、私は
行间距　だけで本名は打ち明けない。これは　　多少の金を工面して、出掛ける事に
　　　　世間を憚かる遠慮というよりも、そ　　した。私は金の工面に二、三日を費
　　　　の方が私にとって自然だからであ　　やした。
　　　　る。私はその人の記憶を呼び起すご
　　　　とに、すぐ「先生」といいたくなる。
　　　　筆を執っても心持は同じ事である。　　　ところが私が鎌倉に着いて三日と
　　　　よそよそしい頭文字などはとても使　　　経たないうちに、私を呼び寄せた友
　　　　う気にならない。　　　　　　　　　　達は、急に国元から帰れという電報
段间距　　　　　　　　　　　　　　　　　　　を受け取った。電報には母が病気だ
　　　　　私が先生と知り合いになったのは　　からと断ってあったけれども友達は
　　　　鎌倉である。その時私はまだ若々し　　それを信じなかった。　　　　段落
　　　　い書生であった。暑中休暇を利用し
　　　　　　　　　　　　　　　　　　　　　　・友達はかねてから国元にいる親たち
　　　　　　　　　　　　　　　　　　　　　　■に勧まない結婚を強いられていた。
　　　　　　　　　　　　　　　　　　　　　　缩进
　　　　　　　　　　　　　　　　　　分栏

文章的要素 ■ 大家可能会觉得有好多要素，可一旦了解了就会发现其实没有那么复杂。

✕

文字の使い方ひとつで見た目は変わる

注意点：文字について
・読みやすさのためには文字のサイズも重要ですが、フォントや行間、字間も重要です。
・英単語や半角数字（例えば、English や 52% など）には欧文フォントを使いましょう。
・文字の色やコントラストも重要な要素です。
注意点 2：レイアウトについて
・行間だけでなく、段落と段落の間隔やインデントも重要になってきます。
・もちろん、余白をとり、要素同士を揃えて配置することも忘れてはいけません。

◯

文字の使い方ひとつで見た目は変わる

注意点：文字について
●読みやすさのためには文字のサイズも重要ですが、フォントや行間、字間も重要です。
●英単語や半角数字（例えば、Englishや52%など）には欧文フォントを使いましょう。
●文字の色や**コントラスト**も重要な要素です。

注意点 2：レイアウトについて
●行間だけでなく、段落と段落の間隔やインデントも重要になってきます。
●もちろん、余白をとり、要素同士を揃えて配置することも忘れてはいけません。

文字的排版与易读性 ■ 不仅要注意字体的选择，还要注意文字的设置，这样就能制作出美观的资料。

Column ▶ 避头尾处理

易读文章背后的功臣

"避头尾"是为了让文章易看易读而设定的一个最基本的法则，根据这个法则来调整文章的长度、字间距和文字的移行等的操作就称为"避头尾处理"。具体来说，就是"。""、""…""？""っ"等字符不能出现在行首，"(""\""＄"等字符不能出现在行尾，还有不能在数值和英语单词的中间位置换行。

　　每一种处理都是通过调整字间距和每一行的字数来完成的，Word和PowerPoint等大多数软件都能自动进行处理。因此，使用一般的软件制作资料时不用特别遵守避头尾法则。不过，正因为它是一项非常有用的功能，所以在使用软件时要记得把避头尾处理设置成ON的状态(默认的状态)哦。

未经过避头尾处理

●禁則処理の効果をいますぐに実感したいならば、この図を見て下さい。
●世界遺産に登録された富士山の標高は、3,776mだったはずです。
●富士山の入山料は、1,000円（およそ10ドル）だったはずです。
●山梨と静岡の県境にある日本でもっとも高い「活火山」です。

已经过避头尾处理

●禁則処理の効果をいますぐに実感したいならば、この図を見て下さい。
●世界遺産に登録された富士山の標高は、3,776mだったはずです。
●富士山の入山料は1,000円（およそ10ドル）だったはずです。
●山梨と静岡の県境にある日本でもっとも高い「活火山」です。

避头尾处理的效果 ■ 经过避头尾处理后，文章就容易阅读得多。因为避头尾处理对提高文章的可读性非常重要，使用频率又非常高，所以一般我们还是交给软件处理吧。

文字的大小和粗细

关于文字的大小，经常听到"幻灯片的文字要在20磅以上、字越大越容易观看"等说法，这未免把规则太简单化了。
其实，重点应该是根据内容的重要程度来设置文字的相对大小和粗细。

■文字的大小和粗细应有所对比

文字的大小和粗细没有对比的话，资料看起来会很单调，
其内容也很难让人把握。这是因为读者无法直观地判断
哪些内容是应该优先阅读的。为了有所区别，即使正文
文字的大小设置得比较小，也得把标题和小标题以及需
要强调的地方设置得粗些、大些。

✕ 文字没有对比

科学と教育シンポジウム
企画集会：行動を見る目を養う

行動に影響を当てる要因とその要因に
影響を与える行動
～フィードバックから動物の世界を
理解する～

2013 年 8 月 8 日

佐々木一郎(国立大学)・西村林太郎(江戸大学)

◯ 文字有所对比

科学と教育シンポジウム
企画集会：行動を見る目を養う

行動に影響を当てる要因と
その要因に影響を与える行動

～フィードバックから動物の世界を理解する～

2013 年 8 月 8 日
佐々木一郎(国立大学)・西村林太郎(江戸大学)

✕ 文字没有对比

動物の行動は何によって決まる？
発育時の環境が影響する
**発育段階に受けた刺激が成体
の行動に影響する(例：ヒト、
サル、イヌ)**
季節が影響する
**その時点で曝されている環境
により行動が決まる(例：サ
ル、キジ、イヌ)**
予測に基づいて変化する
**将来の環境を予測し、事前に
行動を変化させる(例：ツル、
カメ、クジラ)**

引用元：イヌアルキ
百科事典 (2013)

◯ 文字有所对比

動物の行動は何によって決まる？

発育時の環境が影響する
発育段階に受けた刺激が成体の行動に
影響する(例：ヒト、サル、イヌ)

季節が影響する
その時点で曝されている環境により行
動が決まる(例：サル、キジ、イヌ)

予測に基づいて変化する
将来の環境を予測し、事前に行動を変
化させる(例：ツル、カメ、クジラ)

引用元：イヌアルキ百科事典(2013)

按重要程度决定优先顺序 ■ 按照内容的重要程度决定优先顺序，并决定文字的大小。由此我们可以看出，文字小的、不易阅读的地方就是优
先度较低的内容，而文字大的地方就是比较重要的内容。

✕ 文字没有对比

文字の大きさと目の誘導

●当日は、会場の入口で学生証を
呈示し、入場してください。
●例年混雑による遅延が生じてい
るので、開場時間の30分前まで
に集合するようにしてください。
●会場周辺は雨の影響で足場が
悪くなっていますので、くれぐれ
もご注意下さい。
遅刻は「厳禁」です

→

○ 文字有所对比

文字の大きさと目の誘導

●当日は、会場の入口で学生証を
呈示し、入場してください。
●例年混雑による遅延が生じて
いるので、開場時間の**30分前**まで
に集合するようにしてください。
●会場周辺は雨の影響で足場が
悪くなっていますので、くれぐれも
ご注意下さい。

遅刻は「厳禁」です

视线的引导 ■ 对重要的地方用粗体加以强调能引导人的视线，这也是对读者的一种用心考虑。

■长篇文章中的强调之处也可以使用哥特体

虽然很想强调某些文字，但强调的这些文字和其他普通文字的对比度较小时，人们将很难发现这个重要的地方。而在这种情况下使用"下画线"加以强调，效果也不明显。而且在 MS Office 中，下画线会和文字重叠在一起，从而影响美观性和可读性。这时还是使用既简单又美观的"哥特体"加以强调效果比较明显，而且哥特体在明朝体书写的长篇文章里可是很活跃的。

✕ 用下画线强调

私はその人を常に先生と呼んでいた。だからここでもただ
先生と書くだけで本名は打ち明けない。これは世間を憚か
る遠慮というよりも、その方が私にとって自然だからであ

○ 用哥特体强调

私はその人を常に先生と呼んでいた。だから**ここでも**ただ
先生と書くだけで**本名は打ち明けない**。これは世間を憚か
る遠慮というよりも、その方が私にとって自然だからであ

醒目的哥特体 ■ 利用哥特体把强调之处设计得十分醒目，以便人眼能够注意到这个重要的地方。而下画线不够醒目，所以不推荐大家使用。

■以条目式列出幻灯片中的文字大小

关于文字的大小，有个粗略的标准会比较方便。这里只是举个例子，以条目式列出利用 PowerPoint 制作幻灯片时的文字大小。即普通的阅读资料为 18 ~ 32pt，需要强调的文字则写得更大些；相反，不重要的内容可以使用比 18pt 还小的文字。不过，最最重要的不是文字的绝对大小，而是相对大小哦。

不读也行的文字（重要性：低）	14 あいうえお
	16 あいうえお
	18 あいうえお
希望阅读的文字（重要性：中）	20 あいうえお
	24 あいうえお
	28 あいうえお
	32 あいうえお
强调的文字（重要性：高）	36 あいうえお

以条目式列出文字的大小 ■ 以条目式列出利用 PowerPoint 制作幻灯片时使用的文字的大小。

2-3 字间距的调节

接下来说说字间距。一篇文章里的文字如果靠得太紧密，就不容易阅读；如果字间距太大，也不方便阅读。所以，我们要将字间距调节到最适合阅读的程度。

■扩大字间距

幻灯片资料中有些是使用哥特体的简短文字，与其盲目扩大文字的大小，还不如扩大字间距更有助于阅读。特别是Meiryo等面宽较大的字体或粗体字体在默认设置下会显得有些拥挤，所以建议大家稍微扩大点字间距比较好。

在PowerPoint中经常使用〔字符间距〕按钮，来扩大字间距从而使文字易于阅读。但是字间距和行间距相同的话反而不易阅读，所以不要过度扩大字间距。Illustrator、Word和Keynote都有调节字间距的功能。

一般来说，英文和数字没有必要扩大字间距。在PowerPoint中将包含英文和数字的日文资料整体扩大字间距时，还应单独把英文和数字的字间距设置回标准状态。

另外，明朝体和细体哥特体书写的长篇文章，一般也不需要调节字间距。

✖ 默认设置下太拥挤

> **富士山関係の基本情報**
> ●世界遺産に登録された富士山の標高は、とても高かったはずです。
> ●山梨と静岡の県境にある日本で最高峰活火山です。

⭕ 稍微扩大点容易阅读

> **富士山関係の基本情報**
> ●世界遺産に登録された富士山の標高は、とても高かったはずです。
> ●山梨と静岡の県境にある日本で最高峰の活火山です。

✖ 过度扩大不易阅读

> **富士山関係の基本情報**
> ●世界遺産に登録された富士山の標高はとっても高かったはずです。
> ●山梨と静岡の県境にある日本で最高峰の活火山です。

调节字间距 ■ 面宽较大的文字（Meiryo、Hiragino Kaku Gothic）和粗体文字稍微扩大点字间距比较好。

补充 日文比例字体

日文字体基本上都是等宽字体，但是也有一些比例字体（字体名称中带有P和Pro的字体）。MS Gothic的比例字体是MSP Gothic。这些字体会根据字形和文字的组合自动调整字间距，不需要手动调节（Kerning，请参照下一页）。

等宽字体（MS Gothic）

東京（23区）のクリスマス・イブ

比例字体（MSP Gothic）

東京（23区）のクリスマス・イブ

字体的比较 ■ 比例字体会自动调整字间距。不过并非调整后所有的地方都是漂亮的，所以不要过度依赖这种自动调节哦。

Column ▶ 通过调节字距提高易读性

大号的文字要注意字间距！

海报、传单、演示文稿中的标题和宣传口号等大号的文字，在使用时更要注意字间距。如果仅仅是输入文字，再将所有的文字设置成某个字间距的话，有的地方看起来就会产生空洞，影响单词的识别度以及视线的流畅性。这时，就需要进行字距的调节(Kerning)。

✖ **東京・千葉（西部）は満開！！**
✖ 東京・千葉（西部）は満開！！

○ **東京・千葉(西部)は満開!!**

符号的前后 ■ ▲的地方出现了多余的空白。

要注意符号前后的字间距！

符号和标点符号(间隔号、括号、双括号)前后的字间距往往不够自然，需要进行字间缩排。拿右上角的例子来说，在PowerPoint中选中"京．"，然后更改它的字间距设置，就可以缩小它的字间距了。

✖ **大量の「ゲノム情報」のセット**
✖ 大量の「ゲノム情報」のセット

○ **大量の「ゲノム情報」のセット**

字形的影响 ■ ▲的地方出现了多余的空白。

要注意平假名、片假名、促音、拗音的字间距！

连续的平假名和片假名(特别是卜和ノ等)的字间距看起来太空，整行文字的字间距显得不统一。还有促音(っ)和拗音(ゃゅょ)前后的字间距看起来也很空，因此需要优先缩小它们的字间距。尤其是面宽较小的明朝体，这一点特别明显。

✖ **濃厚チョコの贅沢スイーツ誕生**
✖ 濃厚チョコの贅沢スイーツ誕生

○ **濃厚チョコの贅沢スイーツ誕生**

字体类型的影响 ■ 与哥特体相比，明朝体字间距的偏差更明显。

TIPS 字间距的调节

PowerPoint等软件具有调节"字间距"的功能。在Illustrator中将[字间距调节设置]设置成[视觉效果]就能自动调节字间距了。另外在Illustrator的文字面板中将[插入空隙]设置成[全部]，就能自动缩小符号和文字的间隔了。

PowerPoint   Illustrator

行间距的调节

书写文章时很重要的一个环节就是行间距的调节。因为空间不足而缩小行间距或因为空间富余而扩大行间距等做法都是不可取的，因为行间距决定了文字是否易读，是否美观。

■默认设置太窄了！

不论是长篇文章还是条目式资料，行间距的调节都是非常重要的。不同字体下默认设置的行间距是不同的，所以不能一概而论。尽管如此默认设置下的行间距几乎都是太窄的，尤其是 PowerPoint 存在这种情况。一般来说，行间距在 0.5 行至 1 行文字的高度是比较合适的。当然，行间距太宽也会降低可读性。

另外，合适的行间距的值是随字数和字体的变化而变化的（例如与明朝体相比，哥特体的行间距要宽一些），所以我们要边留意文字的易读性边设定它的行间距。

1 行文字的高度	視認性や可
0.5 ~ 1 行文字的高度	
1 行文字的高度	画数の多寡

最适合的行间距 ■ 行间距应在 0.5 ~ 1 行文字的高度。

✗ 行间距太窄（0行文字）

白鳳の森公園は多摩丘陵の南西部に位置しています。江戸時代は炭焼きなども行われた里山の自然がよく保たれています。園内には，小栗川の源流となる湧水が 5 か所確認されています。人々の憩いの場になるとともに，希少な植物群落について学習できる公園として愛されています。植物は四季折々の野生の植物が 500 種類以上が記録されており，5 月には希少種であるムサシノキスゲも観察することができます。動物もタヌキやアナグマ，ノネズミなど，20 種類の生息が確認されています。また，昆虫はオオムラサキなどの蝶をはじめ，6 月にはゲンジボタルの乱舞も見ることができます。毎週

○ 正合适（0.9行文字）

白鳳の森公園は多摩丘陵の南西部に位置しています。江戸時代は炭焼きなども行われた里山の自然がよく保たれています。園内には，小栗川の源流となる湧水が 5 か所確認されています。人々の憩いの場になるとともに，希少な植物群落について学習できる公園として愛されています。植物は四季折々の野生の植物が 500 種類以上が記録

✗ 行间距太宽（1.5行文字）

白鳳の森公園は多摩丘陵の南西部に位置しています。江戸時代は炭焼きなども行われた里山の自然がよく保たれています。園内には，小栗川の源流となる湧水が 5 か所確認されています。人々の憩いの場になるとともに，希少な植物群落について学習できる公園と

✗ 行间距太窄（0行文字）

●世界遺産に登録された富士山は，標高3,776mだったはずです。
●富士山の入山料は1,000円です。
●山梨と静岡の県境にある日本で最も標高の高い「活火山」です。

○ 正合适（0.7行文字）

●世界遺産に登録された富士山は，標高3,776mだったはずです。

●富士山の入山料は1,000円です。

●山梨と静岡の県境にある日本で最も標高の高い「活火山」です。

✗ 行间距太宽（1.2行文字）

●世界遺産に登録された富士山は，標高3,776mだったはずです。

●富士山の入山料は1,000円です。

●山梨と静岡の県境にある日本で最も標高の高い「活火山」です。

要考虑行间距 ■ 行间距太窄或太宽都会降低可读性，一般在 0.5 ~ 1 行文字的高度时比较适合阅读。

■如果行长较短则行间距可以窄些

合适的行间距的值会随着每行长度的变化而变化。行长越长，所需的行间距越宽；行长较短(例如标题等)，行间距窄些也不成问题。另外，关于行长请参照p.60。

✕ 行间距窄

私はその人を常に先生と呼んでいた。だからここでもただ先生と書くだけで本名は打ち明けない。これは世間を憚かる遠慮というよりも、その方が私にとって自然だからである。私はその人の記憶を呼び起すごとに、すぐ「先生」といいたくなる。筆を執っても心持は同じ事である。よそよそしい頭文字などはとても使う気にならない。私が先生と知り合いになったのは鎌倉である。その時私はまだ若々しい書生であった。暑中休暇を利用して海水浴に行った友達からぜひ来いという端書を受け取ったので、私は多少の金を工面して、出掛ける事にした。私は金の工面に二、三日を費やした。ところが私が鎌倉に着いて三日と経たないうちに、私を呼び寄せた友達は、急に国元から帰れという電報を受け取

◯ 行间距宽

私はその人を常に先生と呼んでいた。だからここでもただ先生と書くだけで本名は打ち明けない。これは世間を憚かる遠慮というよりも、その方が私にとって自然だからである。私はその人の記憶を呼び起すごとに、すぐ「先生」といいたくなる。筆を執っても心持は同じ事である。よそよそしい頭文字などはとても使う気にならない。私が先生と知り合いになったのは鎌倉である。その時私はまだ若々しい書生であった。暑中休暇を利用して海水浴に行った友達からぜひ来いという端書を受け取ったので、私は多少の金を工面して、出掛ける事にした。私は金の工面に二、三日を費やした。ところが私が鎌倉に着いて三日と経たないうちに、私を呼び寄せた友達は、急に国元から帰れという電報を受け取

◯ 行间距窄

私はその人を常に先生と呼んでいた。だからここでもただ先生と書くだけで本名は打ち明けない。これは世間を憚かる遠

✕ 行间距宽

私はその人を常に先生と呼んでいた。だからここでもただ先生と書くだけで本名は打ち明けない。これは世間を憚かる遠

随行长变化的行间距 ■ 即使是相同的行间距，每行的长度不同，阅读的难易度也就不同。

✕ 宽
日本語とヨーロッパ言語の
文章の「読みやすさ」に関する
比較心理学的研究
苗字名前　　　　日本文字学会　2013.6.3

◯ 窄
日本語とヨーロッパ言語の
文章の「読みやすさ」に関する
比較心理学的研究
苗字名前　　　　日本文字学会　2013.6.3

✕ 宽
参加登録は
不要です!!

◯ 窄
参加登録は
不要です!!

行长越短行间距越窄 ■ 幻灯片中标题等的行间距即使窄点也没关系。右侧是行间距虽窄却合适的例子。像这种行长较短的情况，行间距还是窄点更适合阅读。

TIPS 设置行间距的方法

PowerPoint
右击→[段落]→在[缩进和行间距]中将[行间距]设定成[多倍行距]，而通过更改[行间距]的数值就能更改行间距了。因此，可以将行间距设置成比1行文字高度略窄的数值(不同的字体适合的数值有所不同)。

Word
选中所有文字或某个段落，右击→选择[段落]，打开[缩进和行距]，取消勾选窗口下面的[如果定义了文档网格，则对齐到网格]单选框。然后将[行间距]设为[多倍]，再更改行间距的数值即可。

□ 如果定义了文档网格，则对齐到网格(w)

行首向左对齐

一份资料里往往会出现多个段落或多项条目，而让它们便于阅读一定有方可循。首先讲讲文字的对齐方式。

■左对齐（避免居中对齐）

Office等软件中可以将段落设置成[左对齐][右对齐][居中对齐][两端对齐]。居中对齐(centering)的文章或条目不仅不好看，而且很难找到文字起始的地方，从而增加读者的负担。所以如果没有充分的理由就不要使用居中对齐，同理也要尽量避免使用"右对齐"。

如果优先考虑文字的易读性和美观性，还是选择"左对齐"或"两端对齐"比较好。

左对齐

> 私はその人を常に先生と呼ん
> でいた。だからここでもただ先
> 生と書くだけで本名は打ち明
> けない。
> これは世間を憚かる遠慮とい
> うよりも、その方が私にとって
> 自然だからである。

右对齐

> 私はその人を常に先生と呼ん
> でいた。だからここでもただ先
> 生と書くだけで本名は打ち明
> けない。
> これは世間を憚かる遠慮とい
> うよりも、その方が私にとって
> 自然だからである。

居中对齐

> 私はその人を常に先生と呼ん
> でいた。だからここでもただ先
> 生と書くだけで本名は打ち明
> けない。
> これは世間を憚かる遠慮とい
> うよりも、その方が私にとって
> 自然だからである。

两端对齐

> 私はその人を常に先生と呼ん
> でいた。だからここでもただ先
> 生と書くだけで本名は打ち明
> けない。
> これは世間を憚かる遠慮とい
> うよりも、その方が私にとって
> 自然だからである。

对齐方式 ■ 文章排版时主要有四种对齐方式。

✕ 居中对齐

> 温泉宿から皷が滝へ登って行く途中に、清冽な泉
> が湧き出ている。水は井桁の上に凸面をなして、
> 盛り上げたようになって、余ったのは四方へ流れ
> 落ちるのである。
>
> 青い美しい苔が井桁の外を掩うている。夏の朝で
> ある。泉を繞る木々の梢には、今まで立ち籠めて
> いた靄がまだちぎれちぎれになって残っている。

⭕ 两端对齐

> 温泉宿から皷が滝へ登って行く途中に、清冽な泉
> が湧き出ている。水は井桁の上に凸面をなして、
> 盛り上げたようになって、余ったのは四方へ流れ
> 落ちるのである。
>
> 青い美しい苔が井桁の外を掩うている。夏の朝で
> ある。泉を繞る木々の梢には、今まで立ち籠めて
> いた靄がまだちぎれちぎれになって残っている。

左对齐或两端对齐 ■ 请务必将文字向左对齐或向两端对齐。居中对齐会使文章结构不易理解，所以不推荐使用哦。

✕ 居中对齐

> ・センタリングは可読性を低めます。
> ・なぜなら、センタリングは段落や箇条書きの
> 　構造がわかりにくくなるからです。
> ・タイトルなどでは、センタリングが効果的に
> 　機能することもあります。

⭕ 左对齐

> ・センタリングは可読性を低めます。
> ・なぜなら、センタリングは段落や箇条書きの
> 　構造がわかりにくくなるからです。
> ・タイトルなどでは、センタリングが効果的に
> 　機能することもあります。

条目也向左对齐 ■ 向左对齐能使所列的条目数量明确，从而减轻读者的阅读负担。

■ 小标题一般也都是向左对齐

一般对横写的文章都是从资料的左上角看到右下角，阅读条目内容时也是如此。因此，如果将标题和小标题居中对齐，就不容易被人注意到，从而有漏读的可能。即使能较容易地找到小标题，但是为了寻找行首眼球的转动幅度也比较大，会增加读者的阅读负担。所以小标题应尽可能向左对齐，以减轻读者的负担。

不过，像封面及标题页面这种一页内或一个条目内文字不多的情况，将文字居中对齐也是可以的。因为字数少的话，是不会给读者带来阅读负担的。

补充 两端对齐

本书中的"两端对齐"来自 **MS Office** 的术语。在 **Illustrator** 中，它被称为"均等设置"。

✕ 居中对齐

> **左揃えが基本**
>
> **揃え方と読みやすさ**
> ● 中央に配置されたタイトルや小見出しは、読み始めたときにあまり目に入ってきません。
> ● このような小見出しを探そうとすれば、読むリズムが崩れてしまいストレスを感じます。
>
> **結 論**
> ● 小見出しは、資料の左側に、あるいは各枠の左側に配置するように心がけましょう。

◯ 左对齐

> **左揃えが基本**
>
> **揃え方と読みやすさ**
> ● 中央に配置されたタイトルや小見出しは、読み始めたときにあまり目に入ってきません。
> ● このような小見出しを探そうとすれば、読むリズムが崩れてしまいストレスを感じます。
>
> **結 論**
> ● 小見出しは、資料の左側に、あるいは各枠の左側に配置するように心がけましょう。

标题 ■ 标题和小标题都向左对齐，文字才不容易被漏看。而居中对齐使眼球的转动幅度较大，会增加读者的阅读负担。

✕ 居中对齐

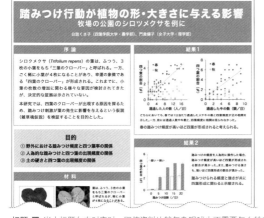

◯ 左对齐

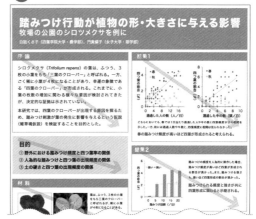

标题 ■ 当小标题向左对齐时，即使资料比较复杂眼球也不需要怎么转动，这样会减轻读者的阅读负担。虽然标题、副标题和名字等文字居中对齐也没关系，但考虑到读者的阅读负担，还是建议大家向左对齐。

Column ▶ 西文资料中的两端对齐

要注意单词间距

含有英文、数字的文章或是西文文章，当行长较短时如果设置成两端对齐，有时会出现单词间距太大(**word space**)的问题，从而降低资料的可读性。这时可以采用以下几种方法予以解决：①向左对齐；②保持两端对齐，加长每行的长度；③使用断字符。当然，也可以同时使用这几种方法。

另外，虽然文字左对齐时行末不会保持在一条直线上，但英文一般都采用左对齐的方式，这样并不会降低它的可读性和美观性。

 两端对齐

The Emperor's New Clothes

Many years ago, there was an Emperor, who was so excessively fond of new clothes, that he spent all his money in dress. He did not trouble himself in the least about his soldiers; nor did he care to go either to the theater or the chase, except for the opportunities then afforded

 左对齐

The Emperor's New Clothes

Many years ago, there was an Emperor, who was so excessively fond of new clothes, that he spent all his money in dress. He did not trouble himself in the least about his soldiers; nor did he care to go either to the theater or the chase, except for the opportunities then afforded

 加长每行的长度（保持两端对齐）

The Emperor's New Clothes

Many years ago, there was an Emperor, who was so excessively fond of new clothes, that he spent all his money in dress. He did not trouble himself in the least about his soldiers; nor did he care to go either to the theater or the chase, except for the opportunities then afforded him for displaying his new clothes. He had a different suit for each hour of the day; and as of any other king or emperor, one is accustomed to say, "he is sitting in council," it was always said of him, "The Emperor is sitting

 发挥断字符的作用

The Emperor's New Clothes

Many years ago, there was an Emperor, who was so excessively fond of new clothes, that he spent all his money in dress. He did not trouble himself in the least about his soldiers; nor did he care to go either to the theater or the chase, except for the opportunities then afforded him for displaying his new

两端对齐的缺点 ■ 行长较短的西文文章不适合使用两端对齐。可以通过向左对齐或加长每行的长度，或使用断字符的方法来解决问题。

Column ▶ 日文资料中的数字和英语单词

日文与英语、数字之间应空出间隔

书写西文时单词之间相邻太紧密就很难识别单词,所以要在单词之间加入半角的空格。同样的,日文和西文混杂时,英语单词和数字如果与日文靠得太近,也不好识别单词,从而会降低可读性。因此在 Word 和 Illustrator 中,会自动将日文和西文隔开一些。(在 **Illustrator** 中,还可以设定间隔的大小)。

但是,PowerPoint 和 Keynote 不能调整日文和西文之间的间隔。这时应根据需要在英文和数字的前后添加一个半角空格(比如,▌Word▌书类)这样文字就好读多了。不过如果加入半角空格后间隔显得太大,就要通过调整空格的大小等方法来解决了(这有点麻烦,所以只要认真调整标题等大号的文字就好啦)。

Word 的场合 ■ 可以通过段落的设置(右键单击→[段落]→[版式])来设定日文和英文、数字之间的间隔大小。

 未调整

Word書類とPowerPoint書類

和文と欧文の間隔は、WordやIllustratorならば初期設定のままで自動的に調整されますが、PowerPointやKeynoteなどでは調整されません(設定も不可)。2,000円とか平成25年9月のように、英単語だけでなく数字の前後にも12.5〜25%程度の余白があるとよいかも。

⭕ **设置25%的间隔**

Word 書類と PowerPoint 書類

和文と欧文の間隔は、Word や Illustrator ならば初期設定のままで自動的に調整されますが、PowerPoint やKeynote などでは調整されません(設定も不可)。2,000 円とか平成 25 年 9 月のように、英単語だけでなく数字の前後にも 12.5〜25% 程度の余白があるとよいか

日文和西文之间的间隔 ■ 调整间隔大小后,阅读起来就容易多了。

条目的制作方法

条目列举是演示文稿的主要构成要素之一。制作条目时，要根据意义进行"对齐""汇总"，并增强对比，这些都是很重要的。

■缩进对齐！

条目列举要让人一眼就能看出一个条目在哪里结束。如果只是整齐划一地向左对齐，并不能让人直观地区分出各个条目。因此，每个条目的第二行开始都要缩进一个字，让文字的开始部分对齐(缩进的设置)。只有显示条目的"."向外凸出，才能直观地识别出各个条目来。

■按条目将文字聚拢在一起！

按条目将文字聚拢在一起。让条目间的间隔比条目内的行间距宽些，这样每个条目都清晰可见，且一眼就能看出在哪里结束。具体来说，不仅要设置行间距，还要设置段间距。(请参照p.57的TIPS)。

■增强对比！

增强条目之间的对比能让资料更容易阅读。增强对比的方法有很多，例如把"."改成大点的"●"就能突显条目，让条目的起始位置更容易识别。

此外，这里提到的"对齐、聚拢、对比"的原则在考虑资料的整体排版时也是很重要的。详细内容在第4章中进行解说。在Word和PowerPoint中利用条目功能，就能制作出符合这些法则的漂亮的条目式资料(请参照下一页的Technic)。

✖ 仅整齐排列

・箇条書きでは、二行目以降の字下げ（インデント）を一文字分入れましょう。
・箇条書き機能を使うと簡単にインデントをつけることができますが、どんなソフトでも手動でインデント設定を行うことができます。
・強弱をつけると更にわかりやすくなります。

▲ 缩进排列

・箇条書きでは、二行目以降の字下げ（インデント）を一文字分入れましょう。
・箇条書き機能を使うと簡単にインデントをつけることができますが、どんなソフトでも手動でインデント設定を行うことができます。
・強弱をつけると更にわかりやすくなります。

条目的制作方法 ■ 第二行以后的文字都要缩进排列，使条目清晰可见。

● 聚拢

・箇条書きでは、二行目以降の字下げ（インデント）を一文字分入れましょう。

・箇条書き機能を使うと簡単にインデントをつけることができますが、どんなソフトでも手動でインデント設定を行うことができます。

・強弱をつけると更にわかりやすくなります。

● 强调行首

● 箇条書きでは、二行目以降の字下げ（インデント）を一文字分入れましょう。

● 箇条書き機能を使うと簡単にインデントをつけることができますが、どんなソフトでも手動でインデント設定を行うことができます。

● 強弱をつけると更にわかりやすくなります。

聚拢和对比使结构清晰 ■ 通过调节段间距使各个条目聚拢在一起，并用●增强对比，使条目清晰可见。

Technic ▶ 尝试条目的制作

用Office来制作条目

在PowerPoint中，选中需要制作成条目的文字右击，Windows系统下选择[项目符号]→[项目符号与编号]，Mac系统下选择[项目符号与段落编号]，再选择喜欢的项目符号，就能制作出自动缩进的条目来。要想更改项目符号与文字之间的距离以及缩进量，只要右击→调整[段落]的[缩进]中的[文本之前]的缩进量以及[首行]的[悬挂缩进]的数值即可(悬挂缩进量最好设置成比"文本之前的缩进量"小的数值)。

在Word中，选中需要制作成条目的段落右击，Windows系统下选择[项目符号]按钮旁的▼，Mac系统下选择[项目符号与段落编号]，再选择喜欢的项目符号即可。项目符号与文字之间的距离以及缩进量，可以右击→在[段落]里更改，也可以右击→在[列表缩进的调节]里更改，还可以通过移动编辑界面上用来调节悬挂缩进量的标志(△)来直观地修改。

・箇条書きでは、二行目以降の字下げを一文字分入れましょう。
・箇条書き機能を使うと簡単にインデントをつけることができますが、どんなソフトでも手動でインデント設定を行うことができます。
・強弱があると構造がわかりやすくなります。

● 箇条書きでは、二行目以降の字下げを一文字分入れましょう。
● 箇条書き機能を使うと簡単にインデントをつけることができますが、どんなソフトでも手動でインデント設定を行うことができます。
● 強弱があると構造がわかりやすくなります。

条目 ■ 利用PowerPoint和Word的功能就能轻易地制作出条目。无论是PowerPoint还是Word都可以通过改变项目符号以及编号的颜色，来进一步突显条目。

PowerPoint

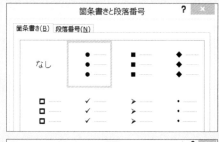

Word

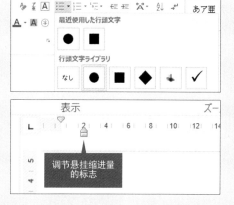

调节悬挂缩进量的标志

小标题的设计

小标题能使文章有韵律感，还能使文章的段落和结构变得明确，并且具有总结各部分内容的功能。让我们制作出与正文形成对比，且有韵律感的资料来吧。

■通过对比使结构清晰

要想有效地使用小标题，就得让它比正文更醒目。强调小标题，可以让读者直观地注意到它，从而更好地把握文章的结构。

要让正文与小标题形成对比，可以采用"使用粗体""改变颜色""扩大字号"等方法。只要改变文字的粗细和大小就可以得到很好的效果。不仅如此，还可以组合使用这些方法（比如加粗加大）。不过，过度装饰文字可能会降低其可读性（请参照 p.36）。所以，请尽量不要同时使用三种以上的方法（比如同时更改粗细、大小、颜色等）。

另外，在小标题的前面加上"·（点号）""下画线"等方法虽然很常见，但是并不能起到多少强调的作用，而且不好看，所以不建议大家使用。

✖ 東京駅からのアクセス
東京から仙台までは歩くと大変ですが、新幹線だと楽です。新幹線はとてもはやい電車です。

✖ ・東京駅からのアクセス
東京から仙台までは歩くと大変ですが、新幹線だと楽です。新幹線はとてもはやい電車です。

⭕ **東京駅からのアクセス**
東京から仙台までは歩くと大変ですが、新幹線だと楽です。新幹線はとてもはやい電車です。

⭕ 東京駅からのアクセス
東京から仙台までは歩くと大変ですが、新幹線だと楽です。新幹線はとてもはやい電車です。

⭕ 東京駅からのアクセス
東京から仙台までは歩くと大変ですが、新幹線だと楽です。新幹線はとてもはやい電車です。

小标题和正文形成对比 ■ 通过使用粗体，或改变文字的大小、颜色等方法来区别小标题和正文文字，可以使文章结构清晰易懂。

■不需要缩进

常常看到有人因为难以区别小标题和其下的条目，而对列举的条目进行缩进处理。这样一来，确实突显了小标题，但是行首却变得不整齐，很难说易读性得到了提高。

如果使用上面的方法来突显小标题，就不再需要这样的缩进处理了，而且制作出的条目结构很简洁。

✖ 应用缩进的表现

東京駅からのアクセス
　●東京から仙台までは歩くと大変ですが新幹線だと楽です。
　●新幹線はとても速い電車です。

仙台からのアクセス
　●仙台駅から東北大まではバスが便利です。
　●タクシーを使うと、バスや徒歩よりは高いです。

⭕ 应用对比的表现

東京駅からのアクセス
●東京から仙台までは歩くと大変ですが新幹線だと楽です。
●新幹線はとても速い電車です。

仙台からのアクセス
●仙台駅から東北大まではバスが便利です。
●タクシーを使うと、バスや徒歩よりは高いです。

强调条目的小标题时 ■ 强调小标题时，对其下列举的条目不需要进行缩进处理。

■文章的嵌套结构也要依靠文字的对比来表示

右侧是用缩进的方式来表示文章嵌套结构的例子。因为左边的文字没有对齐，所以显得并不漂亮；而且文章的结构也不容易把握，读起来比较费劲。和列举条目时的情况相同，仅仅依靠缩进来表示文章的嵌套结构是不够的。

　　如果不用缩进形式，而用文字的粗细、大小的对比来表示文章的嵌套结构，左边的文字就可以整齐地排列在一条直线上。只要让文字很好地形成对比，就能使文字美观易读，而且不容易被误解。

　　但是，文字的大小变化太多反而不太好。所以如果文章的层次很多，那还得好好利用缩进的功能。幻灯片等资料中使用的字体大小以不超过四种为宜。

✖ **应用缩进的表现**

> 東京駅からのアクセス
> 　東京から仙台までは歩くと時間がかかりますが、新幹線だと時間がかかりません（新幹線はとても速い電車です）。
> 　　※電車料金は1万円程度です。
>
> 仙台からのアクセス
> 　仙台駅から東北大まではバスが便利ですがタクシーを使うと時間の短縮になります。
> 　　※タクシー料金は1200円程度です。

◯ **应用对比的表现**

> **東京駅からのアクセス**
> 東京から仙台までは歩くと時間がかかりますが、新幹線だと時間がかかりません（新幹線はとても速い電車です）。
> ※電車料金は1万円程度です。
>
> **仙台からのアクセス**
> 仙台駅から東北大まではバスが便利ですがタクシーを使うと時間の短縮になります。
> ※タクシー料金は1200円程度です。

层次结构里的文字也要有所对比 ■ 只要文字有所对比，即使层次复杂、不易阅读的文章也会变得易读、美观起来。

TIPS 要注意行首的符号

小标题里使用［　］等符号时，每行文字的开始位置会显得不整齐。在 Word 里，只要在［段落］设置里选中［将行首的符号压缩至 1/2（行頭の記号を 1/2 の幅にする）］，就能解决行首符号不整齐的问题。使用这项功能，每行的行首出现标点符号时左侧也能排列得整整齐齐。而 PowerPoint 没有这项功能，但可以让小标题和正文写在不同的文本框里，然后目测调整行首的位置，这是最简单轻松的方法。

✖ **【東京駅からのアクセス】**
東京から仙台までは、歩くと大変ですが新幹線だと楽です。新幹線はとても早い「電車です」。仙台駅から東北大まではバスが便利ですが、歩くのも可能です。

◯ **【東京駅からのアクセス】**
東京から仙台までは、歩くと大変ですが新幹線だと楽です。新幹線はとても早い「電車です」。仙台駅から東北大まではバスが便利ですが、歩くのも可能です。

注意换行的位置

2-8

在制作短句和条目式资料时，要注意换行的位置，以提高它的可读性和判读性。长篇文章不需要特别注意这一点，但是制作幻灯片等资料时就必须时时注意换行的位置。具体要点有以下3个。

■不要拆散完整的表达

我们要尽量避免在一个单词或一个完整的表达中间换行。例如右图中，"资料"这个单词跨行显示，这多少会让人觉得不便阅读。如果能在单词与单词的中间或逗号等位置换行，阅读就容易得多了。另外，还可以通过更换部分文字或调整换行的位置等方法来避免单词被拆散。

✗ 当日は、開始5分前までに会場の受付にて資料をお受取りください。

〇 当日は、開始5分前までに会場の受付にて
資料をお受け取りください。

短文中的换行位置 ■ 文章篇幅很短时，注意不要在单词半中间的位置换行。

■不要拆散强调之处

不要在粗体字、带括号的字等强调部分的中间换行，否则强调的效果就会减半。还要注意，不要把强调的部分拆开。

✗ 会場の入口付近の受付にて、**学生証を
呈示して**入場してください。

〇 会場の入口付近の受付にて、
学生証を呈示して入場してください。

避免在强调部分的中间换行 ■ 注意不要在文中强调的地方换行。

■避免出现奇怪的超出部分

避免换行后出现最后一行字数太少的情况。最后一行字数包括标点符号在内以最少4个字为宜。如果出现少于4个字的情况，可以通过增加文字或缩减文字或更改每行的字数来解决这一问题。

✗ 会場入口で学生証を呈示し、入場してください。

〇 会場入口で学生証を呈示し、
入場してください。

〇 会場入口で学生証を呈示し、入場して下さい。

注意最后一行的字数 ■ 只要改变一下换行的位置，文字的易读性就会发生十分明显的变化。

●当日は、会場の入口で学生証を呈示し、入場してください。
●例年混雑による遅延が生じているので、開場時間の**30分前**までに集合するようにしてください。
●会場周辺は雨の影響で足場が悪くなっていますので、くれぐれもご注意下さい。

●当日は、会場の入口で学生証を呈示し、
入場してください。
●例年混雑による遅延が生じているので、
開場時間の**30分前**までに集合するようにしてください。
●会場周辺は雨の影響で足場が悪くなっていますので、
くれぐれもご注意下さい。

用改变换行位置来提高易读性 ■ 只要注意以上3点，就能减轻读者的阅读负担，也能降低误读率。文字很短时，没必要在意右侧的文字有没有排列在一条直线上。是否便于阅读始终是最优先考虑的问题。

■长篇文章也需注意的事项

长篇文章也需要稍微注意一下换行的位置。和短文一样，如果段落的最后一行字数太少会显得不好看。最后一行包括标点符号在内不少于4个文字才是比较理想的，可以通过增加文字、缩减文字或改变每行的字数来解决这一问题。

私はその人を常に先生と呼んでいた。だからここでもただ先生と書くだけで本名は打ち明けない。これは世間を憚かる遠慮というよりも、その方が私にとって自然だからである。私はその人の記憶を呼び起すごとに、すぐ「先生」といいたくなる。筆を執っても心持は同じ事である。よそよそしい頭文字などはとても使う気にならない。

私が先生と知り合いになったのは鎌倉である。その時私はまだ若々しい書生であった。暑中休暇を利用して海水浴に行った友達からぜひ来いという端書を受け取ったので、私は多少の金を工面して、出掛ける事にした。私は金の工面に二、三日を費やした。ところが私が鎌倉に着いて三日と経たないうちに、私を呼び寄せた友達は、急に国元から帰れという電報を受け取った。電報には母が病気だからと断ってあったけれども友達はそれを信じなかった。友達はかねてから国元にいる親たちに勧まない結婚を強いられていた。

彼は現代の習慣からいうと結婚するにはあまり年が若過ぎた。それに肝心の当人が気に入らなかった。それで夏休みに当然帰る

私はその人を常に先生と呼んでいた。だからここでもただ先生と書くだけで本名は打ち明けない。これは世間を憚かる遠慮というよりも、その方が私にとって自然だからである。私はその人の記憶を呼び起すごとに、すぐ「先生」といいたくなる。筆を執っても心持は同じ事である。よそよそしい頭文字などはとても使う気にならない。

私が先生と知り合いになったのは鎌倉である。その時私はまだ若々しい書生であった。暑中休暇を利用して海水浴に行った友達からぜひ来いという端書を受け取ったので、私は多少の金を工面して、出掛ける事にした。私は金の工面に二、三日を費やした。ところが私が鎌倉に着いて三日と経たないうちに、私を呼び寄せた友達は、急に国元から帰れという電報を受け取った。電報には母が病気だからと断ってあったけれども友達はそれを信じなかった。友達はかねてから国元にいる親たちに勧まない結婚を強いられていた。

彼は現代の習慣からいうと結婚するにはあまり年が若過ぎた。それに肝心の当人が気に入らなかった。それで夏休みに当然帰るべきところを、わざと避けて東京の近くで遊んでいたのである。彼は電報を私に見せてどうしようと相談をした。私にはどうしていい

调节最后一行的字数 ■ 长篇文章里要避免换行后剩下1～3个文字的情况。

TIPS 调节换行位置的小技巧

在设置好条目行间距和段间距的资料（请参照P.58的TIPS）中，如果用Enter键调节换行的位置，就会产生新的项目符号，行间距也会变宽。在这种情况下要用Shift + Enter键换行（很多软件都有这项功能）。一般来说Enter键是用来"另起一段"的，而Shift + Enter键是用来"另起一行"的。

还有，PowerPoint中新建幻灯片里自带的文本框，有时不能实现这项功能。为避免出现这种情况，大家还是使用自己插入的文本框进行编辑吧。

原文

> 想在此处换行

・当日は、会場の入口で招待チケットを呈示してから、入場してください。
・混雑するので30分前までに集合してください。

用Enter键换行时

> 会自动变为段间距并增加项目符号

・当日は、会場の入口で招待チケットを呈示してから、
■入場してください。
・混雑するので30分前までに集合してください。

用Shift＋Enter键换行时

・当日は、会場の入口で招待チケットを呈示してから、
　入場してください。
・混雑するので30分前までに集合してください。

真的有必要缩进吗？

在制作幻灯片、海报和传单时，短句是其主要的构成要素。在这些资料里如果过度使用缩进会降低可读性，所以一定要避免。

■缩进也有可能会降低可读性

中小学里都会学习"段首要空两个字"的书写规则。但是，制作演示文稿、海报及传单时不用在意这个。段首之所以空一个字，是为了让人清楚每个段落的起始位置。而在频繁使用短句的资料里，所有的段首都空一个字的话，左侧就会变得歪歪扭扭，更让人难以识别段落的起始位置。

✗ 缩进

文の数が少ない段落が続く場合、文頭（あるいは段落の頭）のインデントを入れないほうがよいです。
なぜなら、段落のはじめに無闇にインデントを入れると構造がわかりにくくなるからです。
インデントを使わずに段落間に適度なスペースを設けたほうが見やすくなります。段落間の間隔の設定は、PowerPointでもWordでもKeynoteでも可能です。

■段落很短时要利用段间距

通过加宽段间距，可以清晰地显示不同的段落。这样段首就没必要再进行行缩进处理了，也不会给人留下歪歪扭扭的印象。当然，这还会大大提高文字的易读性呢。

○ 段间距

文の数が少ない段落が続く場合、文頭（あるいは段落の頭）のインデントを入れないほうがよいです。

なぜなら、段落のはじめに無闇にインデントを入れると構造がわかりにくくなるからです。

インデントを使わずに段落間に適度なスペースを設けたほうが見やすくなります。段落間の間隔の設定は、PowerPointでもWordでもKeynoteでも可能です。

短句不需要缩进 ■ 当段落很短时，与其进行缩进处理不如加宽段间距的效果更好。

TIPS 段间距的设置

在PowerPoint里，在选中文本框的状态下，Windows系统按照[格式]列表→[段落]→◨按钮，Mac系统按照[文本格式设置]→[段落]的操作，更改[段落后]间距的数值，以此设置段间距。
　在Word里，可以在[段落设置]或[行距选项]里设置段落前后的间隔。

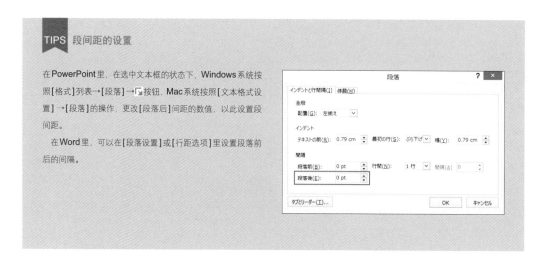

■长篇文章可以从第2个段落开始使用段首缩进

日文的段首缩进1个字，英文的段首按一下Tab键可实现缩进。缩进的作用是告诉读者每个段落的起始位置，但它多多少少会让人觉得文字排列得不整齐。

　整篇文章的第1个段落以及各个小标题正下方的段落，其起始位置是很明确的。因此只有第2个段落开始才需要插入缩进以明确段落的起始位置，这样会让文章既好读又好看。

✖ 第1个段落缩进

白鳳の森公園の自然

　白鳳の森公園は多摩丘陵の南西部に位置しています。江戸時代は炭焼きなども行われた里山の自然がよく保れています。園内には，小栗川の源流となる湧水が5か所ほど確認されています。地域の人々の憩いの場になるとともに，希少な植物群落について学習できる公園として愛されています。

　植物は四季折々の野生の植物が500種類以上が記録されており，5月には希少種であるムサシノキスゲも観察することができます。動物もタヌキやアナグマ，ノネズミなど，20種類の生息が確認されています。

　毎週土曜日には，ボランティアガイドの方による野草の観察会が催されています。身近な植物の不思議な生態や，希少な植物について，興味深い話をきくことができます。

⚫ 第1个段落不缩进

白鳳の森公園の自然

白鳳の森公園は多摩丘陵の南西部に位置しています。江戸時代は炭焼きなども行われた里山の自然がよく保れています。園内には，小栗川の源流となる湧水が5か所ほど確認されています。地域の人々の憩いの場になるとともに，希少な植物群落について学習できる公園として愛されています。

　植物は四季折々の野生の植物が500種類以上が記録されており，5月には希少種であるムサシノキスゲも観察することができます。動物もタヌキやアナグマ，ノネズミなど，20種類の生息が確認されています。

　毎週土曜日には，ボランティアガイドの方による野草の観察会が催されています。身近な植物の不思議な生態や，希少な植物について，興味深い話をきくことができます。

✖ 第1个段落缩进

The Emperor's New Clothes

　　　Many years ago, there was an Emperor, who was so excessively fond of new clothes, that he spent all his money in dress. He did not trouble himself in the least about his soldiers; nor did he care to go either to the theater or the chase, except for the opportunities then afforded him for displaying his new clothes. He had a different suit for each hour of the day; and as of any other king or emperor, one is accustomed to say, "he is sitting in council," it was always said of him, "The Emperor is sitting in his wardrobe."

　　　Time passed merrily in the large town which was his capital; strangers arrived every day at the court. One day, two rogues, calling themselves weavers, made their appearance. They gave out that they knew how to weave stuffs of the most beautiful colors and elaborate patterns, the clothes manufactured from which should have the wonderful property of remaining invisible to everyone who was unfit for the office he held, or who was extraordinarily simple in character.

　　　"These must, indeed, be splendid clothes!" thought the Em-

⚫ 第1个段落不缩进

The Emperor's New Clothes

Many years ago, there was an Emperor, who was so excessively fond of new clothes, that he spent all his money in dress. He did not trouble himself in the least about his soldiers; nor did he care to go either to the theater or the chase, except for the opportunities then afforded him for displaying his new clothes. He had a different suit for each hour of the day; and as of any other king or emperor, one is accustomed to say, "he is sitting in council," it was always said of him, "The Emperor is sitting in his wardrobe."

　　　Time passed merrily in the large town which was his capital; strangers arrived every day at the court. One day, two rogues, calling themselves weavers, made their appearance. They gave out that they knew how to weave stuffs of the most beautiful colors and elaborate patterns, the clothes manufactured from which should have the wonderful property of remaining invisible to everyone who was unfit for the office he held, or who was extraordinarily simple in character.

　　　"These must, indeed, be splendid clothes!" thought the Emperor. "Had I such a suit, I might at once find out what men in

缩进的方法 ■ 第1个段落不缩进看起来更漂亮，无论是日文还是英文都是如此。因此，有不少普通杂志和专业杂志都采用这种方法。

每行的长度不要太长

2-10

在分发资料和宣传资料等篇章较多的资料以及字数较多的演示文稿中，如果每行的长度太长，用眼追行会比较困难，从而降低了资料的可读性。所以，我们要根据资料来调整行长。

■改变版面设计，设置适合的长度

行长太长的话，用眼追行或让视线回到行首都会比较困难，而且眼球的转动幅度很大，就容易使人产生视觉疲劳。我们可以通过改变分栏的数量，或精心设计版面，或改变文字的大小来缩短每行的长度。

私はその人を常に先生と呼んでいた。だからここでもただ先生と書くだけで本名は打ち明けない。これは世間を憚かる遠慮というよりも、その方が私にとって自然からである。私はその人の記憶を呼び起すごとに、すぐ「先生」といいたくなる。筆を執っても心持は同じ事である。よそよそしい頭文字などはとても使う気にならない。私が先生と知り合いになったのは鎌倉である。その時私はまだ若々しい書生であった。暑中休暇を利用して海水浴に行った友達からぜひ来いという端書を受け取ったので、私は多少の金を工面して、出掛ける事にした。私は金の工面に二、三日を費やした。ところが私が鎌倉に着いて三日と経たないうちに、私を呼び寄せた友達は、急に国元から帰れという電報を受け取った。電報には母が病気だからと断ってあったけれども友達はそれを信じなかった。友達はかねてから国元にいる親たちに勧まない結婚を強いられていた。彼は現代の習慣からいうと

私はその人を常に先生と呼んでいた。だからここでもただ先生と書くだけで本名は打ち明けない。これは世間を憚かる遠慮というよりも、その方が私にとって自然からである。私はその人の記憶を呼び起すごとに、すぐ「先生」といいたくなる。筆を執っても心持は同じ事である。よそよそしい頭文字などはとても使う気にならない。私が先生と知り合いになったのは鎌倉である。その時私はまだ若々しい書生であった。暑中休暇を利用して海水浴に行った友達からぜひ来いという端書を受け取ったので、私は多少の金を工面して、出掛ける事にした。私は金の工面に二、三日を費やした。ところが私が鎌倉に着いて三日と経たないうちに、私を呼び寄せた友達は、急に国元から帰れという電報を受け取った。電報には母が病気だからと断ってあったけれども友達はそれを信じなかった。友達はかねてから国元にいる

分栏 ■ 横写的长篇文章，分成两栏比较容易阅读。在 Word 里，就能轻易地更改栏数。

ポスター発表のレイアウト例
氏名氏名・名前なまえ（所属大／所属研究科）

要旨

私はその人を常に先生と呼んでいた。だからここでもただ先生と書くだけで本名は打ち明けない。これは世間を憚かる遠慮というよりも、その方が私にとって自然からである。私はその人の記憶を呼び起すごとに、すぐ「先生」といいたくなる。筆を執っても心持は同じ事である。よそよそしい頭文字などはとても使う気にならない。私が先生と知り合いになったのは鎌倉である。その時私はまだ若々しい書生であった。暑中休暇を利用して海水浴に行った友達からぜひ来いという端書を受け取ったので、私は多少の金を工面して、出掛ける事にした。私は金の工面に二、三日を費やした。ところが私が鎌倉に着いて三日と経たないうちに、私を呼び寄せた友達は、急に国元から帰れという電報を受け取った。電報には母が病気だからと断ってあったけれども友達はそれを信じなかった。

はじめに

ポスター発表のレイアウト例
氏名氏名・名前なまえ（所属大／所属研究科）

要旨	実験 2

私はその人を常に先生と呼んでいた。だからここでもただ先生と書くだけで本名は打ち明けない。これは世間を憚かる遠慮というよりも、その方が私にとって自然からである。私はその人の記憶を呼び寄せるごとに、すぐ「先生」といいたくなる。筆を執っても心持は同じ事である。よそよそしい遠慮というよりも、その方が私にとって自然からである。私はその人の記憶を呼び起すごとに、すぐ「先生」といいたくなる。筆を執っても心持は同じ事である。よそよそしい遠慮文字などはとても使う気にならない。私が先生と知り合いになったのは鎌倉である。その時私はまだ若々しい書生であった。暑中休暇を利用して海水浴に行った友達からぜひ来いという端書を受け取った ・・・・多少の金を工面して

大版海报的场合 ■ 大版(AO版)海报如果从头到尾都写满了文字，就会降低可读性。因此，应该通过精心设计版面把每行的字数调整到合适的程度。

一行の文字数は増やし過ぎない

● 当日は、会場の入口で学生証を呈示し、入場してください。

● 例年混雑による遅延が生じているので、開場時間の**30分前**までに集合するようにしてください。

● 会場周辺は雨の影響で足場が悪くなっていますので、くれぐれもご注意下さい。

一行の文字数は増やし過ぎない

● 当日は、会場の入口で学生証を呈示し、入場してください。

● 例年混雑による遅延が生じているので、開場時間の **30分前** までに集合するようにしてください。

● 会場周辺は雨の影響で足場が悪くなっていますので、くれぐれもご注意下さい。

演示文稿的场合 ■ 幻灯片资料只要改变一下版面设计，就能调整每行的字数。当然，也可以通过扩大文字来调整字数。

Column 括号和符号的使用方法

日文资料中的符号要使用日文字体下的全角符号

日文中使用的（　），要使用日文字体下的全角括号。如果使用西文字体的符号，会导致高度不一致，从而影响流畅阅读。另外，句号、逗号、冒号、［　］也是如此。不过全角符号的前后会出现空白，而且在短句中会显得字间距很大。这时使用前面提到的字间距调整或比例字体效果会更好，或者使用日文字体下的半角括号也可以。

✖
半角の記号(きごう)は良くない

◯
全角の記号（きごう）が似合う

日文中的符号都用全角 ■ 日文中使用的（　）、［　］、冒号、分号等符号都用全角比较好。
（上面错例中的括号用的是Times New Roman）

括号和冒号不好看

在海报和传单等展示资料中，括号和冒号都显得不够漂亮。可以用"｜"（竖线）或"／"代替"（　）"，或把文字用方框圈起来，这样就不需要冒号和括号了。

✖ 括号和冒号

会場：東京ドーム
4/3（金）
問い合わせ：仙台市イベント課会計係

◯ 用边框框起来

| 会場 | 東京ドーム
4/3 金
問い合わせ 仙台市イベント課会計係

减少符号使资料简单化 ■ 海报和传单中使用的大号文字，要把多余的文字和符号都删掉，这样资料才会既好看又好读。

✖ 括号

結果（投薬が血圧に与える影響）

◯ 空格

結果　投薬が血圧に与える影響

◯ 竖线

結果｜投薬が血圧に与える影響

少用（　） ■ 用空格或竖线代替（　）、［　］、冒号、分号等标点符号，能给人留下清爽的印象。

第2章　要点回顾

1　文字的大小和粗细应根据其重要程度作相应变化

- ☐　文字的大小要有所对比。
- ☐　文字的粗细要有所对比。

2　调节行间距和字间距

- ☐　设置适合的行间距。
- ☐　留出适合的字间距。
　　　（尤其是使用 Meiryo 等面宽较大的字体时）

3　使条目的结构明确

- ☐　向左对齐，第 2 行以后要缩进。
- ☐　加宽条目之间的间隔。
- ☐　突出小标题或用 "●" 代替 "．"，以增强对比。
- ☐　注意换行的位置。

4　提高长篇文章的易读性

- ☐　不需要多余的缩进。
- ☐　每行的长度不要太长。
　　　（根据情况可以分成两栏）

3 图形和图表 的设计法则

照片、模式图、图表、表格和图解等都是制作资料所不可欠缺的
要素，能够准确地传达用语言难以表达的内容。
本章先介绍图形制作的基本法则，然后对图表、表格和图解的制
作方法进行说明。

3-1

熟练使用"边框"

制作计划书、演示文稿、海报等展示资料时，经常要用边框把文字框起来。这里将向大家传授边框制作的技巧，最重要的是做到易读、美观而且简洁。

■ "边框"虽然很方便，但要注意它的使用方法哦！

"边框"对于强调文字和段落，或将多个要素聚拢在一起，或在制作流程图中都是十分方便适用的。边框的形状有圆形、矩形、圆角矩形和星形等。还可以为其添加背景色（填充）和边框线条颜色，是自由度非常高的一个要素。也正因如此，边框如果使用不当，有时反而会让资料不易读、不美观，效果适得其反。所以不要稀里糊涂地使用边框，而要掌握优秀的边框制作技巧，从而制作出美观易读的资料来。

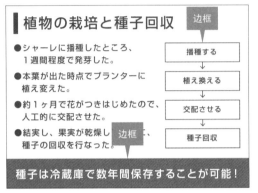

边框的广泛使用1 ■ 在流程图中熟练使用边框，或将强调之处用边框框起来，都能增强文字的对比性。

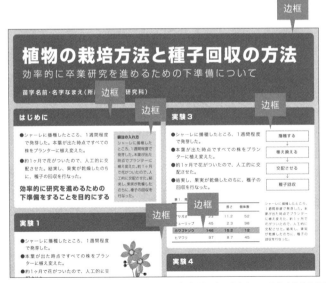

边框的广泛使用2 ■ 将信息分门别类地用边框框起来（左图），或者为了区分信息给边框添加背景色（右图），都有助于理解复杂资料的结构。

■避免混用多种边框形状

虽然"边框"有圆形、矩形、菱形、圆角矩形等多种形状，但是同一项内容中应避免同时使用多种形状。因为椭圆形、矩形和圆角矩形给人的印象完全不同，如果同时使用会有损整体的统一性。

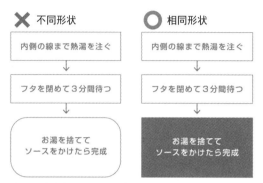

❌ 不同形状

内側の線まで熱湯を注ぐ

↓

フタを閉めて３分間待つ

↓

お湯を捨てて
ソースをかけたら完成

⭕ 相同形状

内側の線まで熱湯を注ぐ

↓

フタを閉めて３分間待つ

↓

お湯を捨てて
ソースをかけたら完成

边框的形状应统一 ■ 同一项内容中如果出现多种边框形状，会使之缺乏统一感。

❌ 不同形状

実験方法

種子の収集方法

シャーレに播種したところ、1週間程度で発芽した。本葉が出た時点でプランターに植え変えた。約1ヶ月で花がついたので、人工的に交配させた。結実し、果実が乾燥したのちに、種子の回収を行なった。

⭕ 相同形状

実験方法

種子の収集方法

シャーレに播種したところ、1週間程度で発芽した。本葉が出た時点でプランターに植え変えた。約1ヶ月で花がついたので、人工的に交配させた。結実し、果実が乾燥したのちに、種子の回収を行なった。

❌ 不同形状

植物の栽培と種子回収

●シャーレに播種したところ、1週間程度で発芽した。
●本葉が出た時点でプランターに植え変えた。
●約1ヶ月で花がつきはじめたので、人工的に交配させた。
●結実し、果実が乾燥したのちに、種子の回収を行なった。

⭕ 相同形状

植物の栽培と種子回収

●シャーレに播種したところ、1週間程度で発芽した。
●本葉が出た時点でプランターに植え変えた。
●約1ヶ月で花がつきはじめたので、人工的に交配させた。
●結実し、果実が乾燥したのちに、種子の回収を行なった。

不要混用 ■ 将不同形状的边框混合在一起或拼接在一起使用都是不理想的。所以如果边框的形状没有什么特殊含义，还是将它们统一起来吧。

■尽可能不要使用"椭圆形"

从易读性和美观性的角度考虑的话，应避免使用椭圆形边框。首先变形的圆形并不好看，而且只要椭圆形的纵幅和横幅不同，看起来就是不同的形状。因此，大量使用椭圆形边框会让资料缺乏统一感。建议大家不要使用椭圆形，而改用圆形、矩形或圆角矩形吧。

❌ 椭圆形

	自由度	平方和	F值	P值
密度	1	0.0001	0.329	10.57
形	1	0.0012	7.752	0.01
色	1	0.0015	9.476	0.09
密度×形	1	0.0001	0.638	0.01
密度×色	1	0.0012	0.019	0.89
形×色	1	0.0084	0.066	0.79
密度×形×色	1	0.0002	1.499	0.23
残差	27	0.0042		

⭕ 矩形背景

	自由度	平方和	F值	P值
密度	1	0.0001	0.329	10.57
形	1	0.0012	7.752	0.01
色	1	0.0015	9.476	0.09
密度×形	1	0.0001	0.638	0.01
密度×色	1	0.0012	0.019	0.89
形×色	1	0.0084	0.066	0.79
密度×形×色	1	0.0002	1.499	0.23
残差	27	0.0042		

避免使用椭圆形 ■ 虽然经常要用图形把强调的部分框起来，但是要避免使用椭圆形。可以使用矩形的边框、矩形的背景，这样资料便既美观又易读。

❌ 椭圆形

内側の線まで熱湯を注ぎ、フタを閉めて３分間待つ

お湯を捨てて
ソースをかけたら完成

⭕ 矩形

内側の線まで熱湯を注ぎ、フタを閉めて３分間待つ

お湯を捨てて
ソースをかけたら完成

椭圆形的边框 ■ 椭圆形的幅度不是固定的，很难把文字漂亮地框起来。

使用圆角矩形时要慎重

圆角矩形给人柔和的感觉，因而有很多人喜欢它。但是，圆角矩形画起来很难随心所愿。我们在使用时应注意圆角不要太大，并且要统一。

■圆角不要太大

如果想给人留下温柔、柔和的印象，圆角矩形是效果极佳的图形。但是如果圆角(半径)太大，反而会影响美观。而且由于圆角旁边的文字离边框很近，会给人局促的感觉。只要稍微带点圆角就能收到很好的效果，所以把圆角大小降到最小即可。

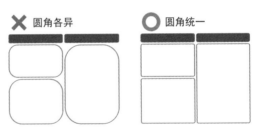

圆角不要太大 ■ 圆角太大反而不美观。

■圆角必须统一

圆角矩形在改变边框大小时，有时会自动改变圆角的大小。所以从同一个圆角矩形复制来的图形，在同一份资料中圆角大小却各不相同。这样一来就丧失了统一性，也不美观。使用多个圆角矩形时，务必统一圆角的大小(统一的方法请参照下一页)。

圆角必须统一 ■ 使用多个圆角矩形时，务必统一圆角的大小。扩大或缩小边框，有时也会使圆角发生变化。

■变形的圆角是不可取的

画好的圆角矩形，如果改变它的纵横比，有时圆角的形状就会发生变形，也就不太好看了。在PowerPoint和Illustrator中操作时，很容易犯这样的错误。圆角的对话框等图形也是如此，不要忘了确认圆角是否发生了变形。

圆角的变形 ■ 要确认圆角矩形的圆角是否发生了变形。像左图那样变形的圆角给人的印象就很差。

Technic ▶ 圆角矩形的圆角的修正与统一

在MS Office中？

圆角大小的修正
在PowerPoint中改变圆角矩形时，圆角的大小也会随之发生变化（在Keynote中，圆角的大小不会发生变化）。在这种情况下，要利用圆角的调节功能对圆角进行修正与统一。移动圆角旁边出现的黄色方块标记，就能对圆角进行修正了。

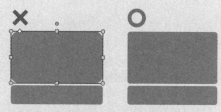

圆角的修正 ▇ 在PowerPoint中移动上图的黄色标记，在Keynote中移动蓝色标记，就可以对圆角进行修正了。

变形圆角的修正
当圆角矩形的圆角因某些原因发生变形时，在PowerPoint中只要利用"顶点编辑"的功能对各点（右图中的黑点）——进行编辑，就能修正变形的圆角。但是这种方法较麻烦，而且难以修正得很漂亮，所以重新画一个圆角矩形更可取。而新建的圆角矩形，不仅没有变形，还可以用上面的方法改变其圆角大小。

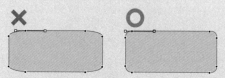

变形圆角的修正 ▇ 在PowerPoint中，可以利用顶点的编辑功能修正变形的圆角。但是很花时间，所以如果圆角发生变形了还是重新画一个吧。

在Illustrator中？

在Illustrator中，当圆角矩形的纵横比发生变化时，圆角必然会发生变形，从而变得不好看。所以，一开始就要避免使用圆角矩形。

首先，画一个普通的矩形，按照[效果]→[风格化]→[变成圆角]的顺序，就能画出圆角矩形了。其次，无论怎么改变纵横比及其大小，圆角都不会再发生变形了。当然，要统一圆角(统一半径的大小)或在后期更改、修正圆角也都是很简单的。

图形的装饰

在资料制作中，圆形和矩形等图形都是十分有用的。但是随意进行配色的话，反而会使它们太显眼。只要为其添加背景色或边框颜色的其中一项，做个简简单单的边框就好了。

■只填充背景色或只添加边框颜色

利用图形功能把文字框起来或在制作箭头和圆形时，既可以对它的背景色（填充）进行设置，也可以对它的边框（边框线）颜色进行设置。但是如果同时设置背景色和边框颜色，会给人留下烦琐的印象。所以，只填充背景色或只添加边框颜色才是最明智的。

MS Office软件的某些版本在默认设置的情况下，生成的图形既有背景色也有边框颜色。所以，需要将背景色或边框颜色的其中一项设为"无"（请参照P.73的TIPS）。

以下例子中将背景色或边框颜色去除后，减少了多余的要素，变得清爽多了。这项法则适用于边框、流程图、插图、图表等任何场合，在右边的页面能看到它在普通的传单和杂志中的实际运用。

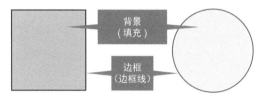

背景和边框 ■ 所有的图形（object）都可以分别设置背景色和边框颜色。

MS Office的默认设置 ■ 默认设置下既有背景色也有边框颜色，只要将其中一项的颜色设置为"无"，给人的印象就会大为改观。

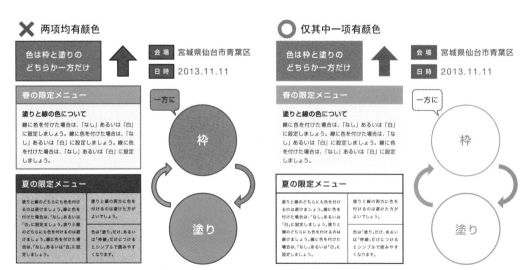

只填充背景色或只添加边框颜色 ■ 只填充背景色或只添加边框颜色，才能既简洁又美观。

具体实例 ■ 许多传单和杂志都遵循只填充背景色或只添加边框颜色的法则。

箭头的使用方法

在连接文章与文章、图形与图形时或在制作流程图时，箭头都是很活跃的。箭头是幻灯片制作中必然会用到的一个图形，但始终都是扮演配角的，因此千万不要太过显眼了。

■不要变形

箭头不要过度变形，这是铁一般的准则。每款软件中的初始箭头的形状都是很协调的，但是和字形一样，如果随意改变它的形状就会变得不美观。所以，尽量不要改变箭柄的粗细和箭头的形状。并且使用长短不一的箭头时，要注意将箭头的大小和箭柄的粗细统一起来。

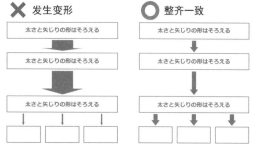

箭头不要变形 ■ 变形后的箭头不好看，我们应统一箭头的大小、形状以及箭柄的粗细。

■不要太显眼

箭头是用来连接事物与事物的一种图形，决不是一个主角。如果过于醒目，可能会妨碍人们对内容的理解。所以，箭头的形状和颜色都要尽可能制作得不太显眼。

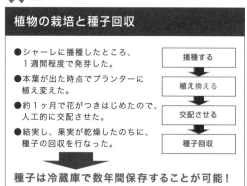

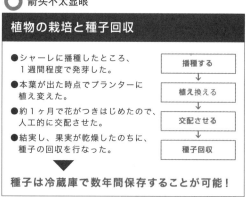

要控制箭头 ■ 箭头太过引人注目的话，会让人无法专注于内容。

■各种各样的箭头

MS Office中自带了各种各样的箭头图形，但是每一种都比较显眼。虽然可以在颜色上做些文章(比如设置成浅色)，但是还有一种方法即使用别的图形。

例如右图中不再使用立体的华丽的箭头，而用简单的线条箭头(请参照以下的TIPS)或三角形箭头(▼)代替，这样就能制作出简洁内敛的箭头了。

TIPS 箭头形状的调整

使用箭头图形时
利用**MS Office**的图形功能制作箭头时，只要移动图中黄色方块的部分，就可以调整箭头的形状、大小以及箭柄的粗细和长度了。

使用线条箭头时
右键单击直线或曲线，按照[图形的格式]→[线条]→[粗细和箭头]的操作，就可以自由地更改箭头的形状和大小了。

Column ▶ 有效利用默认的图形

默认的图形太花哨

MS Office 中的 Word、Excel 和 PowerPoint，都具有创建流程图和图解的便利功能(SmartArt)。但是默认设置的颜色和字体不太美观，而且"阴影""渐变色""边框线""立体感"等多余的要素太多，让人难以关注内容。这些要素都太花哨，有损幻灯片整体的统一性。

去除阴影、边框线、立体感和渐变色

去除渐变色、阴影、立体感等复杂的要素，就不会给读者带来视觉疲劳。虽然不同的版本有些区别，但是在 MS Office 中几乎所有的图形都存在这些多余的要素。我们要勤快地把它们删掉(请参照下一页的 TIPS)，因为简洁的图形才是最容易让人理解的。

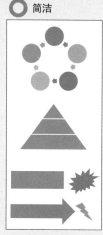

去除默认的装饰 ■ MS Office 自带的装饰太花哨，让人无法专注于内容。因此，应该去除阴影、立体感、渐变色等元素使之简单化。

不要使用复杂的图形

我们要避免使用 MS Office 中的复杂图形，圆形、矩形、三角形、单纯的箭头和对话框这些图形都是可以使用的。但是像右图那样的复杂图形，只会妨碍人们注意力的集中。

避免使用默认的复杂图形 ■ 不要使用以上几种图形，而要使用简单的图形。

对话框不要变形

和箭头一样，"对话框"最好也不要变得太严重。在 PowerPoint 中，如果横向或纵向拉伸对话框图形，突出的部分就会发生严重的变形，最糟糕的是甚至都看不出它是一个对话框了(如右图)。变形的图形给人的印象不好，所以不要使用变形的对话框(请参照下一页的 TIPS)。

对话框变形了 ■ 在 PowerPoint 中，如果横向或纵向拉大或缩小对话框，突出的部分就会发生变形。

TIPS 图形的编辑

对MS Office图形中的多余装饰，可以通过双击图形→[图形的边框线]→[无边框线]来去除边框线，也可以通过选择[图形的效果]→[无阴影]来轻松地完成更改，还可以通过右键单击图形→在[图形的格式]中更改边框的颜色、背景色、有无阴影、渐变色和立体感等所有的设置。例如要去掉阴影时，可以在[阴影]的标准格式中选择[无]。在Mac系统中，只要不选中[阴影]这个选项框即可。

如果是SmartArt图形，要尽可能选择简单的设置。这里，推荐左上方的"简单模式"。

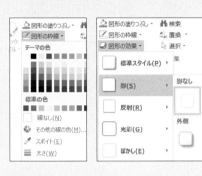

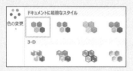

SmartArt图形 ■ 应从各风格中选择装饰较少的图形。

手动去除要素 ■ 可以在[图形的边框]、[图形的效果]或[图形的格式]中去除边框线和阴影效果。

TIPS 调整对话框的形状

改善对话框变形问题最简单的方法就是利用PowerPoint中的顶点编辑功能。选中图形后右键单击→[顶点编辑]，通过移动对话框各个点的位置就可以调整对话框的形状了。

还有一种方法，是利用PowerPoint的图形组合的功能。如下图所示先创建用于制作对话框的三角形和矩形，再选中这两个图形，Windows系统下通过[图形的组合]→[组合]的操作，Mac系统下通过右键单击→[聚拢]→[并集]的操作，将两张图形组合在一起。Windows Office 2010之前版本的PowerPoint中也有"组合"的功能，但是需要在软件设置中将此项功能设置成ON的状态(此处省略说明)。

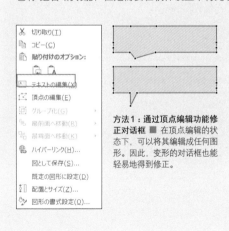

方法1：通过顶点编辑功能修正对话框 ■ 在顶点编辑的状态下，可以将其编辑成任何图形。因此，变形的对话框也能轻易地得到修正。

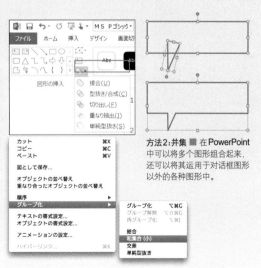

方法2:并集 ■ 在PowerPoint中可以将多个图形组合起来，还可以将其运用于对话框图形以外的各种图形中。

边框和文字的组合方式

接下来将介绍边框和文字的组合方式。将文字用边框框起来时，一定要留些"空白（边距）"。如果没有空白，文字不易阅读也不美观。

■一定要留些空白！

我们经常要在边框里输入单词或文章，这时应注意"文字与边框的接近程度"。如果文字太靠近边框，会让人产生压迫感，从而降低可读性。在边框里输入文字时，并不是"文字在边框里刚刚好放得下就行"，而是要确保边框上下部分都要留出1个字以上的边距。如果文字放不下，不能通过减小边距，而要通过减少字数或缩小文字来解决。这样才有利于阅读。

　不仅是文章，短句也需要这么做。我们可以把写着短句的边框稍微扩大些，以便留出边距。虽然这些都是小事，但是积少成多最终会使资料整体阅读容易得多。

✖ 没有边距

枠の中に単語や文章を入れるとき注意したいのが「文字と囲みの接近」。ギリギリだけど収まったからいいなんてことはありません。

○ 留出1个字大小的边距

枠の中に単語や文章を入れるとき注意したいのが「文字と囲みの接近」。ギリギリだけど収まったからいいなんてことはありません。

空白非常重要 ■ 在边框内书写文字时，要留出1个字左右的边距。这样能消除压迫感，避免读者产生视觉疲劳。

✖ 没有边距

白鳳の森公園とは

白鳳の森公園は多摩丘陵の南西部に位置しています。江戸時代は炭焼きなども行われた里山の自然がよく保たれています。園内には、小栗川の源流となる湧水が5か所ほど確認されています。地域の人々の憩いの場になるとともに、希少な植物群落について学習できる公園として愛されています。

園内の動植物

植物は四季折々の野生の植物が500種類以上が記録されており、5月には希少種であるムサシノキスゲも観察することができます。動物もタヌキやアナグマ、ノネズミなど、20種類の生息が確認されています。また、昆虫はオオムラサキなどの蝶をはじめ、6月にはゲンジボタルの乱舞も見ることができます。

○ 留出1个字大小的边距

白鳳の森公園とは

白鳳の森公園は多摩丘陵の南西部に位置しています。江戸時代は炭焼きなども行われた里山の自然がよく保たれています。園内には、小栗川の源流となる湧水が5か所ほど確認されています。地域の人々の憩いの場になるとともに、希少な植物群落について学習できる公園として愛されています。

園内の動植物

植物は四季折々の野生の植物が500種類以上が記録されており、5月には希少種であるムサシノキスゲも観察することができます。動物もタヌキやアナグマ、ノネズミなど、20種類の生息が確認されています。また、昆虫はオオムラサキなどの蝶をはじめ、6月にはゲンジボタルの乱舞も見ることができます。

要确保留出空白 ■ 一段文章如果由好几行文字构成，那么它的上下左右都要留出1个字以上的边距。无论是通过缩小文字还是减少字数，都要确保留出空白，这才是体贴读者的设计。

■适合的边距应随字数的变化而变化

边距大致留出1个字的大小就好，但在实际当中适合的边距应随字数的变化而变化。一般来说，字数较多时边距就多留些，字数较少时边距就少留些。这和"字数多的情况下行间距要稍微宽一些"的道理是相同的。

在字数非常少的情况下，留出1个字左右的边距反而会显得很稀疏，因此边距的大小要根据字数的多少来灵活调节。

✖ 1个字大小的边距

⭕ 2个字大小的边距

✖ 1个字大小的边距

⭕ 0.5个字大小的边距

✖ 1个字大小的边距

⭕ 更小的边距

合适的边距 ■ 左侧各个例子中边框的上下左右都留了1个字大小的边距，然而不同的字数产生的空间感也不同。字数较多时（如最上面的例子），留出1个字以上的边距是比较合适的。但是像下半部分的两个例子那样，字数较少时如果留出1个字大小的边距就会显得太空荡。

Technic ▶ 边距的留法

在MS Office中留出边距

在MS Office中，既可以直接在矩形、圆形等图形中直接输入文字，也可以通过设置文本框的背景色让文字看起来和在边框内一样。但是这样一来就会出现边距太窄的问题，或是在某些字体下文字会处于中间略高的位置。由此导致的边距大小不一等问题（特别是使用**Meriyo**字体时常发生这种问题），有以下两种解决方法。

①分别创建图形和文本框

解决以上问题的最简单方法就是分别创建矩形边框和文本框，也就是右图所示的在没有文字的矩形边框上叠加没有背景色的文本框。这样就可以通过调节各自的大小和位置，将文字排列得整整齐齐了。

另外，在按住 Ctrl 键（Mac系统中按 ⌘ 键）的同时按下箭头按键，就可以对文本框和图形的位置进行微调了。

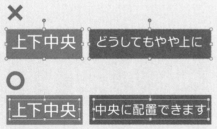

上下的边距要均等 ■ 在图形中直接输入文字的话会导致上下留出的边距不一致，有损资料的形象。如果分别创建图形和文本框，再进行调节就可以轻松解决这个问题。

✖ 直接输入

> 白鳳の森公園は多摩丘陵の南西部に位置しています。江戸時代は炭焼きなども行われた里山の自然がよく保たれています。園内には，小栗川の源流となる湧水が5か所ほど確認されています。地域の人々の憩いの場になるとともに，希少な植物群落について学習できる公園として愛されています。

直接输入 ■ 在图形中直接输入文字会导致上下左右留出的边距不一致，或使整体上留出的边距不够。

⭕ 分别创建

> 白鳳の森公園は多摩丘陵の南西部に位置しています。江戸時代は炭焼きなども行われた里山の自然がよく保たれています。園内には，小栗川の源流となる湧水が5か所ほど確認されています。地域の人々の憩いの場になるとともに，希少な植物群落について学習できる公園として愛されています。

分别创建边框和文字 ■ 在边框内部创建一个独立的文本框，通过调节文本框的位置，就能使上下左右留出的边距大小一致了。

② 设置边距（尤其是在 Word 中）

在 PowerPoint 中①是最简单的方法，但在 Word 中处理的是相对小的文字，先手动设置图形内部（或是文本框内部）的边距，再输入文字的方法可能更好。在选中文本框或图形的状态下右键单击，Windows 系统中按照[图形的格式]→[文字选项]→[文本框]的操作，Mac 系统中按照[图形的格式]→[文本框]的操作，再在设置文本框格式的对话框中对上下左右的边距进行设置。不过有的字体即使将上下的边距设置成同一数值，边距的大小仍然不一致，所以还需要进行微调。

此外，在图形中输入文字时，请不要忘了设置行间距（请参照P.47的TIPS）。

边距的设置 ■ 设置边距时，要注意上下左右的边距都能达到1个字的大小。边距的数值只能边试边定，除此之外别无他法。而且，某些字体上下左右的边距还需要设置成不同的数值。

3-6 流程图和图解

流程图和图解都是用来简单易懂地说明复杂的步骤和内容的工具，且都非常好用。因此，如果把它们制作得十分令人费解的话就本末倒置了。大家边留心边框和箭头的使用，边试着绘制直观易懂的流程图和图解吧。

■应统一流程图的位置和大小

制作流程图时经常会使用箭头来连接短句或文章，但仅仅如此还不够美观。如右图中的确是把内容用边框框起来了，却给人留下了繁杂的印象。所以流程图最好要使用左右宽度一致的边框(如果是横的走向，就保持上下的高度一致)。

即使有点复杂的流程图，只要边框的大小统一、排列整齐，也可以绘制得很漂亮。但仍然要遵守前面提到的法则哦，如箭头要制作得简单，不要同时添加背景色和边框颜色等。

流程图 ■ 先统一边框的大小，再配上文字。行数很少时，文字居中对齐也不会造成阅读困难。

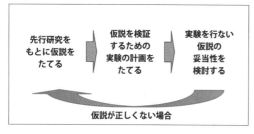

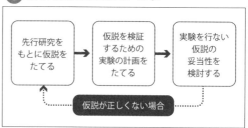

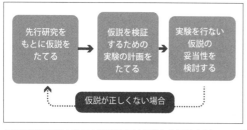

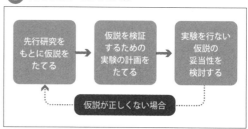

复杂的流程图 ■ 制作复杂的流程图时也要将各边框排列整齐，还要遵守图形制作的注意事项(如不要同时添加背景色和边框颜色，图形的圆角不要太大，形状要统一，箭头不要太显眼等)。

■用图解直观地表达信息

图解在简单易懂地传达复杂信息时，具有很好的效果。而且当依靠文章或条目内容很难把握整体和事物的关系时，利用图解也有助于直观地理解内容。不过与文章不同的是，有时它会降低内容的准确性。到底是应该利用图解和流程图帮助理解整体的内容，还是应该优先考虑内容的准确性呢？这得视情况而定。

　　图解的样式有很多，例如下图中插图式的概念总结、模式化的结构显示，以及显示相互关系、包含关系、顺序、阶层等各种关系的图解。但无论是哪一种样式，都不要忘了遵守法则哦。如不要同时添加背景色和边框颜色，箭头不要太显眼等。

　　另外，**MS Office**中的图示制作功能也就是"SmartArt"是很方便的工具，但是它会自动进行调整，使用起来稍微有点困难。如果只是简单的流程图，用圆形、矩形以及线条的组合来制作就足够了。

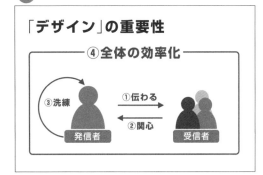

✗ 只有文字

> # 「デザイン」の重要性
>
> ● 効率的かつ**正確**に相手に情報を伝える。
> ● 分かりやすい発表により、相手がもつ**印象**を良くする。
> ● 時間、紙面の制限の中でわかりやすさを考えれば、自らのアイデアが**洗練される**。
> ● 洗練された発表資料を用いたコミュニケーションは、グループ全体の**効率化**に繋がる。

○ 图解

> # 「デザイン」の重要性
>
> ④全体の効率化
> ③洗練　①伝わる　②関心
> 発信者　受信者

图解 ■ 与文字相比，图解更容易让人理解。

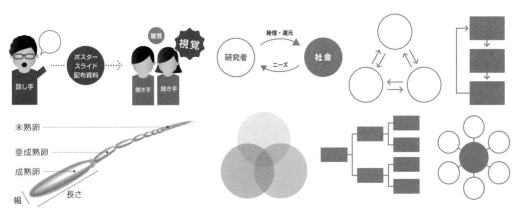

各种图解 ■ 整理信息之间的关系，将各种图解熟练运用起来吧。

3-7 为图片添加说明

有时我们要为图片添加说明，而如果直接将文字写在图片上就会看不清楚。这时可以利用引线和描边文字，达到很好的效果。

■ 引线和描边文字

有时，需要制作照片与文字或模式图与文字组合的图片。如果不作任何处理直接将文字写到图片中，文字会很难辨认。

此时用引线将文字移到图片外或在图片中使用描边文字（请参照P.37的Technic），就能制作出便于阅读的图片了。

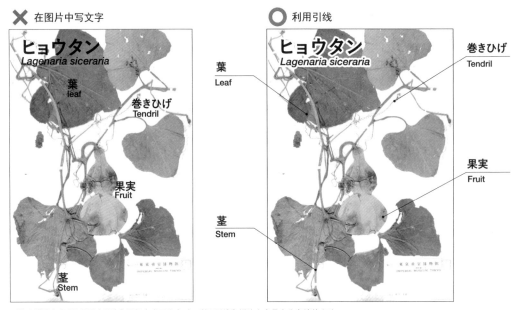

引线和描边文字 ■ 需要在照片和图解中书写文字时，利用引线和描边文字是十分有效的方法。

■引线线条要细，并符合法则

不同的引线标注方式给人留下的印象也大为不同。右上图中引线的角度不一并且线条太粗，不够美观。标注引线时应像右下图的两个例子那样，有一定的规则（角度及长度等）、有较强的统一性，显得既时尚又美观。标注引线时，一定要注意这一点。

另外，当背景图片很复杂时，有时很难识别引线。这种情况下就可以在白色的粗线条上叠加黑色的细线条，其效果就像描边字体一样。这样引线就和背景颜色没有关系，变得容易识别了。

✘ **线条太粗，角度不一**

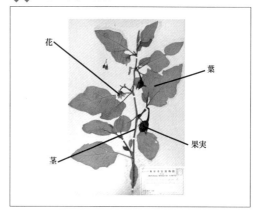

TIPS 为引线添加白色轮廓

在 **Office** 中绘制一条引线后，可以在图形效果的[发光]中把颜色设置为白色，再把[渐变的粗细]以及[颜色的透明度]设置为 0，然后调整[发光线条的粗细]，这样就能在引线的周围画出白色的轮廓了（例子中的实线图）。要想绘制出更加清晰的轮廓，就采用描边文字一样的方法，即在实际的引线下方叠加一条白色的粗线就行了（例子中的虚线图）。

✘ **普通的线条**

〇 **带轮廓的线条**

〇 **形式统一**

〇 **形式统一**

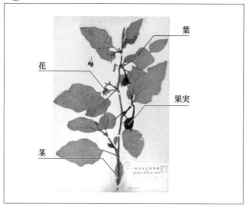

引线要符合规则 ■ 绘制引线时，要尽量统一引线的角度和长度。另外很重要的一点是，引线不要太粗。

图表的制作方法

数据是资料的核心组成部分，可以以图表或表格的形式显示出来。这里先向大家介绍图表的制作方法。任何种类的图表都要绘制得简单易懂，这点很重要。

■Excel的图表一定要编辑以后再使用

Excel中生成的图表不够美观。例如下图所示的在Excel默认设置下制作的图表，多余的要素太多，让人看得很费劲。制图人似乎只图省事，让人感受不到他的诚意。其实要在功能强大的Excel里编辑图表是很简单的，只要稍微花点精力就能制作出精美的图表来。

这里以常用的"柱状图""折线图""饼图""散点图"为例，向大家介绍如何制作美观(不难看)的图表。

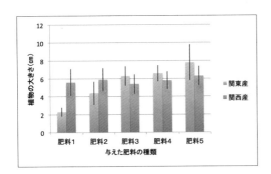

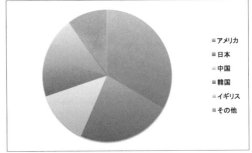

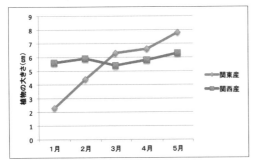

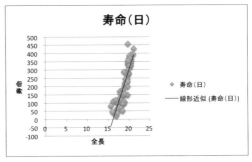

Excel的图表不美观 ■ 在Excel默认设置(以Mac系统 Excel 2011为例)下制作的表格，节点标记太醒目，多余线条太多，还附有渐变色、阴影等，让人感觉很繁杂。另外，使用的字体(MS PGothic)也不够漂亮。如此一来，一份优秀的资料就白白浪费了。

■柱状图的制作

下面列举出默认设置下制作的柱状图的问题点。

主要问题：
①各个柱体的"渐变色"和"阴影"是多余的；
②字体不够美观（全都是 MSP Gothic）；
③柱体太细看起来很柔弱；
④图表的网格线（横线）太醒目；
⑤横轴和纵轴的颜色太浅看不清楚；
⑥图例出现在图表外；
⑦不需要图表周围的边框。

细节问题：
①轴线上的数字很小；
②轴线的标题难以看清；
③纵轴的范围太大。

读者只是想知道数据而已，所以除了对理解数据有帮助的要素之外，其他的要素都要删除，尽可能制作得简单明了一些。要更改字体（日文用日文字体，英文和数字用西文字体），删除渐变和阴影效果，把柱体画粗些（请参照右边的补充说明）。只要做到这些，就可以大大改变柱状图给人留下的印象了。

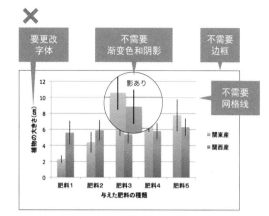

默认设置下制作的柱状图 ■ 阴影、渐变色以及醒目的线条等装饰太过繁杂。而且默认设置的颜色让人感觉制图不够用心，哪怕只是更改一下颜色都能大大改变它的印象。另外，柱体上方的线条是显示误差范围的"误差条"。

补充　图表的设置方法

几乎所有的设置都可以在[图表区格式]、[数据格式]或[数据系列格式]中进行更改。而网格线可以单击它，在选中的状态下按 Delete 键进行删除。要加粗柱体时，可以在[数据系列格式]的选项中将[分类间距]的数值设置得小一些。

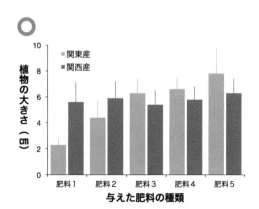

控制装饰 ■ 去除图表周围的边框，去除柱体的阴影和渐变色，改变柱体的颜色，把轴线的颜色改为黑色，去除多余的网格线，误差条选用适合柱体的颜色，加粗柱体（更改分类间距），适当拉长纵轴，将图例放入图表中，更改字体。通过这些操作，柱状图一定会变得清晰易懂，给人的印象也将大为改观。

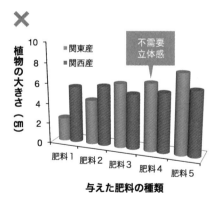

常见的错例 ■ 在某些情况下，立体感等装饰也是让图表变得复杂的一个重要原因。所以，我们在制作图表时一定要注意简单明了了。

■折线图的制作

下面列举出默认设置下制作的折线图的问题点。

主要问题：
①节点标记既有背景色也有边框颜色；
②节点标记有阴影和渐变色；
③节点标记的形状不好看；
④横轴和纵轴的颜色太浅；
⑤图表的网格线太醒目；
⑥字体很难识别；
⑦图例出现在图表外；
⑧不需要图表周围的边框。

细节问题：
①轴线上的数字很小；
②轴线的标题看不清楚；
③纵轴的数字刻度太密。

这基本和柱状图的情况是一样的。首先要去除渐变效果，把节点标记改成●，还要把节点的边框颜色改为"无"（或是将节点的背景色改为"白色"）。

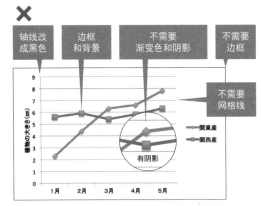

默认设置下制作的折线图 ■ 阴影、渐变色以及太粗的折线、网格线等装饰都是多余的。

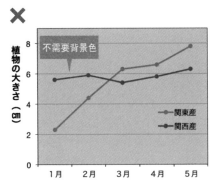

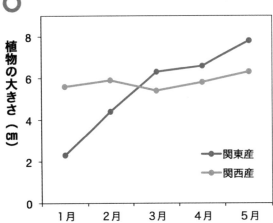

更改后的图表 ■ 基本上和柱状图的更改方式相同，即去除图表周围的边框，去除阴影和渐变色，把节点标记简化成●，更改折线的颜色，把轴线颜色改为黑色，去除多余的网格线，把图例放入图表中，更改字体。通过这些操作，折线图表一定会变得清晰易懂，给人的印象也将大为改观。

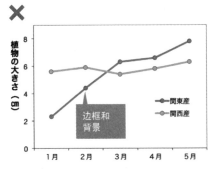

常见的错例 ■ 有的Excel版本在默认设置的情况下制作出来的图表会自带背景色，应该把它删掉。另外，节点部分不要同时添加边框颜色和背景色。如果添加了边框颜色，那么背景色就设置成"白色"；如果添加了背景色，那么边框颜色就设置成"无"。

■饼图的制作

下面列举出默认设置下制作的饼图的问题点。

主要问题：

①饼图整体的阴影是多余的；

②存在渐变色；

③颜色太艳丽；

④图例看不清楚；

⑤字体不合适；

⑥不需要图表周围的边框。

以上无论哪一点，都可以轻易地在[数据系列格式]中手动更改。不过饼图的制作还有些特别的注意事项，那就是相邻颜色的拼接问题。如果颜色太多，很容易使相邻的颜色搭配不好看；如果相邻的颜色很相似，又会使分界线不清晰。在这种情况下，为各个部分添加一条白色的边框线就好了。

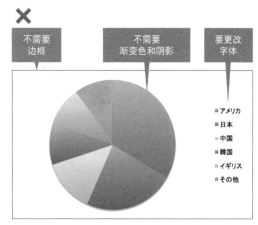

默认设置下制作的饼图 ■ 只要存在阴影及渐变色就会让人觉得繁杂。

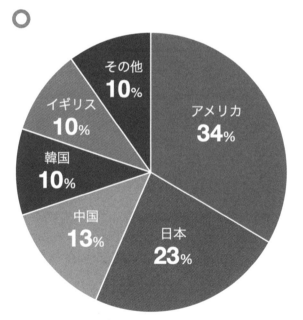

更改后的图表 ■ 去除了多余的阴影和渐变色，把图例放入图表中，加入了白色的边框线，更改了字体，让人更容易看清楚。当数值很重要时，也可以将图例、数值一起放入图表中。当然，数字还是得用西文字体。

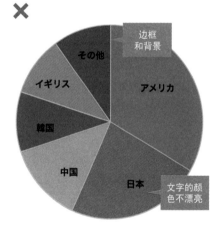

常见的错例 ■ 将图例放入图表中时，如果背景颜色太深，黑色的文字就不容易看清。另外，还要避免饼图的各个部分同时存在背景色和边框颜色。

图表的制作方法　085

8

■散点图的制作

下面列举出默认设置下制作的散点图的问题点。

主要问题：

①节点标记有阴影和渐变色；

②节点标记既有背景色也有边框颜色；

③图表的网格线太醒目；

④横轴和纵轴的颜色太浅；

⑤图表上方的标题不需要（或不合适）；

⑥字体不合适。

细节问题：

①不需要图例（如右图的例子）；

②纵轴和横轴上的数字很小；

③纵轴的数字刻度太密；

④横轴数值的最小值不恰当；

⑤不需要图表周围的边框。

这和柱状图的情况基本上是一样的。

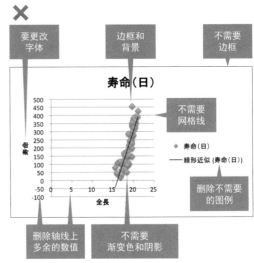

默认设置下制作的散点图 ■ 阴影、渐变色、网格线等的装饰太多，使用默认的颜色让人觉得制作得不够用心。

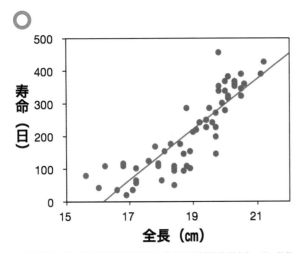

更改后的图表 ■ 去除了图表周围的边框、节点标记的阴影和渐变色，统一了节点和回归直线的颜色，去除了多余的网格线，将横轴的数值控制在合适的范围内，更改了字体。这样制作出来的散点图就清晰易懂。

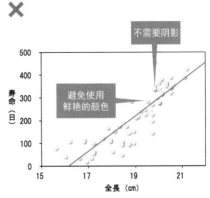

常见的错例 ■ 默认设置的状态下，所有的节点标记都附带阴影。阴影让人感觉节点有些模糊、不够简洁。另外，节点标记应避免使用过于鲜艳的颜色，轴线的数值不应使用日文字体。

■要制作得直观易懂

图表中的图例或多或少都要花点时间才能理解。资料要花点时间才能读懂并没有什么问题，但是像演示文稿这样的资料很快就要翻到下一页了，因而需要把图表设计成让读者一瞬间就能理解的简单图式。例如把图例设置在折线的旁边，并且统一同一个图例和折线的颜色，让人能够更直观地理解图表。另外，在PowerPoint中要比在Excel中更容易进行这项操作。

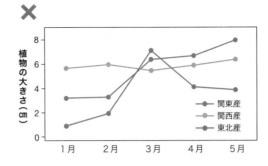

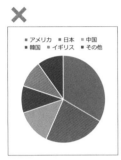 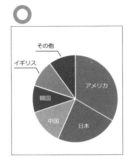

将图例放入圆饼中 ■ 在饼图中不仅要有图例，还要将文字写到各自对应的部分，这样才便于直观地理解内容。如果有的部分太小，可以使用引线进行标注。

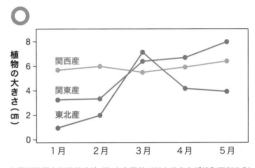

把图例设置在折线的旁边 ■ 在有限的时间内将各条折线和图例分别对应起来，这对读者来说并不是一项容易的工作。把图例就近设置在折线旁，能让人更直观地理解图表。

TIPS 保留格式的图表粘贴

将在Excel中制作的图表粘贴到Word或PowerPoint中时，有时排版和文字的大小会自动发生变化。而且，在这些软件里更改图表的大小时还会碰上麻烦。

要将Excel中编辑好的图表保留格式地粘贴到Word或PowerPoint中，就得在[选择性粘贴]中，在Mac系统中选择[图形PDF]、在Windows系统中选择[图形EMF]进行粘贴。这样就能解决这个麻烦的问题了，不过粘贴后的图表是不能编辑的。

运用型图表

新闻公告等资料有时需要既容易阅读又引人注目的图表，而论文及报告书等资料则需要严肃的黑白图表。当然，这些图表都能在Excel中制作出来。

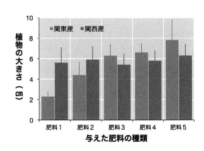

■引人注目的图表

为了制作出引人注目的图表，可以将图表设计得稍微华丽些。例如在图表中添加背景或是添加白色的网格线，这些方法都很有效。这里显示的仅仅是其中一个例子，但无论哪种图表都可以利用Excel的标准功能制作出来。

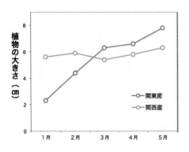

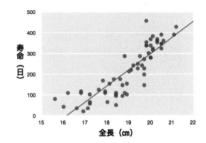

■严肃的黑白图表

办公文件和论文中使用的严肃的黑白图表也可以在Excel中制作出来。在编辑图表时，也应注意不要同时添加背景色和边框颜色(如果是同一颜色OK)。

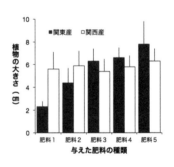

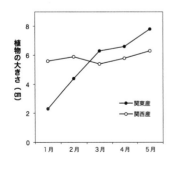

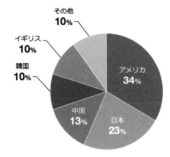

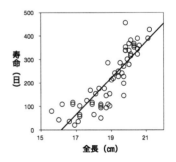

■ 更高级的图表

除了以上介绍的经典图表之外，在 Excel 中还能制作各种风格的图表。右图就是其中的一个例子。

另外，在 Excel 中制作的图表如果放在 Illustrator 等别的软件中进行编辑，还能制作得更高级。不过，对以下的注意事项还需稍加注意。

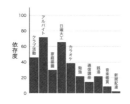

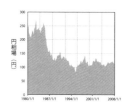

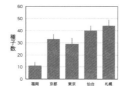

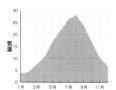

TIPS 在 Excel 中能一次性更改多个图表的设计

例如，想在 Excel 中制作多个设计相同的图表时，对默认设置的改动越大，统一所有图表的设计所花费的工夫就越多。这时可以按照右边显示的步骤，一次性更改所有图表的版式。

①制作数量充足的图表，对其中一个图表的设计进行更改。
②选择更改后的整个图表，进行复制。
③点击别的图表，在选中的状态下，在[编辑]的[选择性粘贴]中选择[格式]，按下[OK]键。
④所有的图表都重复操作①~③的步骤。

TIPS 在 Illustrator 中编辑 Excel 图表

在 Illustrator 中编辑 Excel 图表时会出现互换性的问题，处理起来有些麻烦。执行粘贴操作时会自动生成剪贴蒙版，所以很难选中想选的文字和线条，或者会产生乱码。在这种情况下，按照右边的说明进行操作就可以在 Illustrator 中对图表进行编辑了。但是在进行 ①~⑤步骤的操作时，除了正在操作的图表之外，其他的剪贴蒙版也都会被删除，所以这些操作还是在新建的文件上进行比较保险。

①在 Excel 中将图表内的所有文字都改成 Kozuka Gothic 字体或 Kozuka Mincho 字体(Adobe 的字体)。
②对整个图表进行复制，然后粘贴到 Illustrator 中(会自动生成剪贴蒙版)。
③在 Illustrator 图表之外的地方，利用[矩形工具]绘制一个"矩形"，将[边框]和[背景]的颜色都设置为[无]（透明）。
④利用[选择]工具选中矩形，在工具栏的[选择]项中选择[通用]，再选择[背景和边框]。
⑤这样就选中了看不见的图形，从而可以用 Delete 键将其一次性都删除了。

表格的制作方法

无论是在Word资料中还是在PowerPoint制作的幻灯片资料中，表格都是很重要的一项内容。只要稍微用点心，就能使表格焕然一新，变得既好看又好读。在制作表格时要注意"留白"和"对齐"，并且把多余的要素一扫而尽。

■首先是选择字体

右图是在Excel的默认设置下生成的表格，确实不太好看吧。

首先来更改它的字体。当然最重要的是英文和数字要使用西文字体（Arial 和 Helvetica、Segoe UI等），日文要使用日文字体（Meriyo 和 Hiragino Kaku Gothic 等等），这样就容易读取数值了。

✖ Excel默认设置下生成的表格

学校名	人数	平均睡眠时间	テストの平均点数
県立A高校	583	7.5	89.9
私立B高校	81	10.2	79.2
C高校	1190	8.9	84.2
D高校	49	7.2	90.1

■删除多余的线条，以扩大行间距

表格既可以在Excel中，也可以在Word和PowerPoint中制作出来。无论使用哪种软件制作表格，都必须注意不要让线条太醒目。因为大量的多余线条会影响人们对数据的关注，增加读者的阅读负担。

首先各列之间的竖线条并不是必需的线条，必需的只有表格最上方和最下方的线条以及第一行（项目名称）和第二行（数据）之间的线条。宽松的行间距更有利于读取数据，最后还要注意线条的粗细。

⭕ 调节字体、线条、行间距、对齐

学校名	人数	睡眠時間	テストの平均点数
県立A高校	583	7.5	89.9
私立B高校	81	10.2	79.2
C高校	1190	8.9	84.2
D高校	49	7.2	90.1

易读的表格 ■ 表格当中最重要的就是它的内容，所以要把多余的线条都删除以便阅读。一般显示数值的纵列向右对齐，而只有单词的纵列则向左对齐。

■数值向右对齐，单词和句子向左对齐

数字的位数不同时，根据位数向右对齐比较好。因为小数点以后的位数要对齐，所以含有数值的纵列基本上都是向右对齐。当整数位数和小数位数都不相同时，可以像右图那样利用Word的制表功能让小数点对齐。

而包含单词和句子的纵列向左对齐比较容易阅读。不过，单词很短时居中对齐也是可以的。

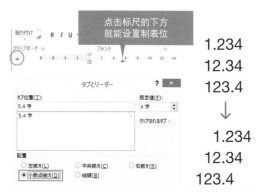

对齐小数点 ■ 选中需要对齐位数的几行内容，点击标尺的下方就能设置制表位。如果将种类设置为[小数点对齐]，那么小数点就会对齐了。另外，也可以通过〇所显示的按钮来事先设置生成的表格类型。

■在展示资料中使用背景色效果超棒

正式场合或阅读资料中的表格可以制作得像上一页中看到的表格那样单调，但是幻灯片及海报等展示资料也做成那样就有点土气了。在展示资料中我们要充分利用背景色并且删除多余的线条，这样才能制作出精美的表格。如果要增加横线条，用白色的会比较简洁。

○ 添加背景色

学校名	人数	睡眠時間	テストの平均点数
県立A高校	583	7.5	89.9
私立B高校	81	10.2	79.2
C高校	1190	8.9	84.2
D高校	49	7.2	90.1

使用背景色并删除线条 ■ 为单元格添加背景色并删除横线，就能制作出更简单大方的表格了。这种方法在幻灯片资料中非常实用。

■每行较长时可以使用隔行的背景色

表格的列数较多时，视线想要准确无误地追逐每一行会变得困难（以下图为例，要将高校名称和世界史的数值对应起来会比较困难）。在这种情况下，隔行使用浅色的背景色就可以轻易地将同行的信息对应起来。

✖ 难以区分各行

学校名	人数	平均睡眠时间	国语	数学	生物	化学	物理	世界史
A高校	583	7.5	89.9	89.9	89.9	76.7	89.9	98.3
B高校	81	10.2	79.2	79.2	79.2	66.6	79.2	84.2
C高校	1190	8.9	84.2	90.1	84.2	77.9	84.2	77.9
D高校	49	7.2	90.1	90.1	83.3	84.2	90.1	83.3
E高校	583	7.5	89.9	89.9	84.2	89.9	77.9	84.2
F高校	66	9.9	79.2	79.2	66.6	77.9	66.6	79.2
G高校	345	6.6	84.2	84.2	84.2	84.2	83.3	68.8
H高校	1221	7.1	90.1	90.1	77.9	66.6	90.1	90.1

使之便于阅读 ■ 隔行使用背景色，不仅省掉了横线，还更容易区分各行。在每行较长的表格中，这是非常重要的方法。

○ 隔行使用背景色以便区分各行

学校名	人数	平均睡眠時間	国語	数学	生物	化学	物理	世界史
A高校	583	7.5	89.9	89.9	89.9	76.7	89.9	98.3
B高校	81	10.2	79.2	79.2	79.2	66.6	79.2	84.2
C高校	1190	8.9	84.2	90.1	84.2	77.9	84.2	77.9
D高校	49	7.2	90.1	90.1	83.3	84.2	90.1	83.3
E高校	583	7.5	89.9	89.9	84.2	89.9	77.9	84.2
F高校	66	9.9	79.2	79.2	66.6	77.9	66.6	79.2
G高校	345	6.6	84.2	84.2	84.2	84.2	83.3	68.8
H高校	1221	7.1	90.1	90.1	77.9	66.6	90.1	90.1

■表格中也需要留白

如果单元格内只有单词，是不会觉得很拥挤的。但当单元格内输入文章时，就需要给单元格的上下左右留些空白了。

如右图所示，Excel默认设置下制作的表格是没有留边距的，让人感觉很拥挤。而且相邻单元格之间的文字太靠近，影响了阅读。为了更好地阅读，应在单元格内留些边距（请参照 P.93 的 Technic）。

当然，字数较多时使用细体哥特体和明朝体比较适合。另外，单元格内输入文章时，向单元格左上方对齐比较好，而应避免垂直居中对齐或水平居中对齐。

❌ **默认设置下制作的表格**

	問題点	改善点	評価
文字	読みにくいフォントが多かった。また、美しくないフォントも多かった。文字のサイズについても、もう少し考える余地がある。	メイリオやヒラギノ角ゴを使うとともに、フォントサイズを14ポイント以上にする。	4
段落	段落の境目がわかりづらく、全体的に読みにくい。また、改行の位置が悪く読み間違いも多くなった。	段落間に余白を入れ、段落を認識しやすくする。改行の位置を調整する。	5
レイアウト	無秩序に情報が並んでいて、読む順序が明確ではない。センタリングと左寄せの両方を使うのは良くない。	左揃えを徹底することで、落ち着いたレイアウトにする。	8

⭕ **调节线条、边距、字体**

	問題点	改善点	評価
文字	読みにくいフォントが多かった。また、美しくないフォントも多かった。文字のサイズについても、もう少し考える余地がある。	メイリオやヒラギノ角ゴを使うとともに、フォントサイズを 14 ポイント以上にする。	**4**
段落	段落の境目がわかりづらく、全体的に読みにくい。また、改行の位置が悪く読み間違いも多くなった。	段落間に余白を入れ、段落を認識しやすくする。改行の位置を調整する。	**5**
レイアウト	無秩序に情報が並んでいて、読む順序が明確ではない。センタリングと左寄せの両方を使うのは良くない。	左揃えを徹底することで、落ち着いたレイアウトにする。	**8**

⭕ **添加背景色**

	問題点	改善点	評価
文字	読みにくいフォントが多かった。また、美しくないフォントも多かった。文字のサイズについても、もう少し考える余地がある。	メイリオやヒラギノ角ゴを使うとともに、フォントサイズを 14 ポイント以上にする。	4
段落	段落の境目がわかりづらく、全体的に読みにくい。また、改行の位置が悪く読み間違いも多くなった。	段落間に余白を入れ、段落を認識しやすくする。改行の位置を調整する。	5
レイアウト	無秩序に情報が並んでいて、読む順序が明確ではない。センタリングと左寄せの両方を使うのは良くない。	左揃えを徹底することで、落ち着いたレイアウトにする。	8

设置单元格内的边距 ■ 单元格内要留些边距，这样看起来比较宽松也比较容易阅读。还要注意表格的线条不要太粗，且不要同时添加背景色和边框颜色。

Technic ▶ 设置单元格内的边距

在MS Office中有3种方法

在Excel中制作的表格的单元格内是没有留边距的，所以看起来很拥挤易不好阅读。特别是单元格内的文字向左、向右对齐时，或单元格内的文字较长时更令人头疼。要解决这个问题，有以下3种方法。

①在Word或PowerPoint中编辑

在Excel中制作的表格经常要粘贴到Word或PowerPoint中使用，所以**粘贴后再进行修改会比较好**。选中粘贴后的表格右键单击，在[表格属性]→[选项]中设置单元格的边距。注意边距的数值要设置成与单元格内的文字大小差不多。利用Word和PowerPoint的制表功能制作表格时，操作方法也是一样的。

边距的设置 ■ 在Word等软件中可以设置单元格内的边距，所以能制作出较宽松的表格。

②在Excel中插入缩进

通过Excel工作样表的[导航栏面板]的 按键（即增加缩进的按键），可以在单元格内的文字里插入缩进。但是，它不能调节缩进的量。

③在Excel中增加空白列

如下图所示，可以在表格中增加空白列（右表的G和N列）。除了表格两端的列之外，单元格之间的文字太靠近时也可以适当插入空白列（右表的J列）。

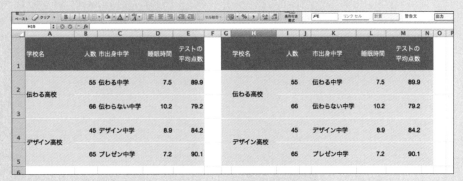

插入空白列 ■ 当Excel单元格中的文字太靠近端线时，就可以像右表那样增加空白列。

1 边框和图形都应尽量制作得简洁

☐ 图形的颜色只需添加"边框颜色"或"背景色"中的一项。

☐ 去除图形中的"阴影""渐变色""立体感"。

☐ 在图形内输入文字时要留边距。

☐ 圆角矩形的圆角不要过度。

☐ 避免使用椭圆形，改用矩形或圆角矩形。

☐ 引线不要太粗，且要统一长度和角度。

2 图表和表格都应制作得直观易懂

☐ 去除阴影、渐变色以及多余的网格线等不需要的要素。

☐ 图表中的节点标记和柱体的颜色，只需添加"边框颜色"或"背景色"中的一项。

☐ 要使用视认性高的字体。

☐ 图表和表格中的英文及数字要使用西文字体。

☐ 图例要设置得直观易懂。

☐ 去除表格中多余的线条。

4 版式和配色
的法则

要使排版简单易懂，就得根据"内容"和"事件与事件的关系"对文字及图片等要素进行设置。
联系紧密的要素要设置得近一些或使用相同的颜色，重要的事项要使用醒目的颜色或放在醒目的位置。总之，按照内容和关系进行排版是非常重要的。

排版的目的及五项法则

无论是什么类型的资料都应根据内容进行排版，这点是最重要的。毫无秩序的排版，不仅会让读者感到混乱，还会让读者对资料甚至对作者的印象变差。

■排版的目的是使信息的结构明确化

在前面的章节里，我们已经讨论了文字、文章、条目、图形、表格、图表等个别要素的制作方法。但是在实际制作资料的过程中，还需要对这些要素进行整理和排版。

信息的整理指的是明确信息的结构和信息之间的关系。通过明确各要素(信息)的从属关系(总分关系)、并列关系(平等关系)以及信息的优先度和因果关系等，能够让信息简单易懂地传达到位。这就是排版的目的。

■5项法则

要明确信息的结构，就必须遵守"留白""对齐""聚拢""对比""重复"这几项法则。

首先，为消除压迫感要在页面上"留白"。其次，为了明确从属关系、并列关系，要对各要素进行"对齐、聚拢、增强对比"。再次，通过对比明确地显示出内容的优先度。最后，在整份资料中贯彻以上4项法则，即"重复"法则，从而更明确地体现内容的从属关系，并列关系。

或许大家乍一看会觉得这很费事，但只要记住了法则，就可以节约时间哦。本章将在这5项法则的基础上再给大家介绍一些技巧。

此外，这些法则作为设计的基本原则已广为人知，在Robin Williams《写给大家看的设计书》(The Non-Designer's Design Book)一书中也有详细的解说。

✕ 随意排版

MU 宫城県立大学　環境科学研究科
保全生物学研究室

テクニカルアドバイザー

宫城拓郎
Takuro Miyagi

〒980-0000 宫城県仙台市青葉区 1-11
電話 0123-456-789
lmiyagia@mu.ac.jp

○ 对信息进行整理

MU

宫城県立大学　環境科学研究科
保全生物学研究室

テクニカルアドバイザー
宫城 拓郎
Takuro Miyagi

〒980-0000 宫城県仙台市青葉区 1-11
電話 0123-456-789
lmiyagia@mu.ac.jp

名片的例子 ■ 只要在遵守版式法则的基础上对信息进行整理，就能打造出一个美观易懂的版式哦。

5项法则 ■ 信息的构成变得容易传达。

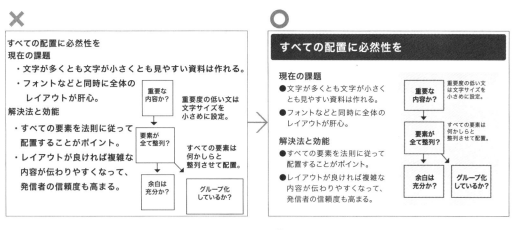

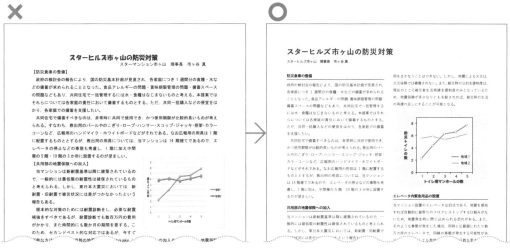

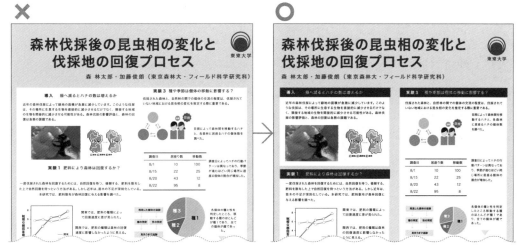

排版的例子 ■ 不仅是包含图表的资料，哪怕只有文字构成的办公文件或申请书等资料，也要遵守法则进行排版，使之方便阅读。

法则1　充分留白

与第3章第5节中的"在边框内输入文章时需要留些边距"的道理一样，在资料整体页面的排版中留白也是很重要的。如果资料写得满满当当会让人感觉很拥挤，既不好看也不好读。

■设置时留些富余

无论是什么类型的资料，排版时都要避免文字和图片挤到页面的边缘或整个边框，一定要在上下左右留出边距（空白）。以演示文稿为例，留出右图中浅红色所显示的（约为1行正文文字的大小）空白即可。注意，不要在这个空白区域内设置标题、正文、图形等要素。另外，图片、照片等与文字之间也要留出空白，避免它们靠得太近。

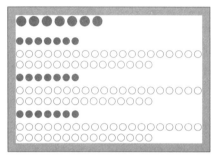

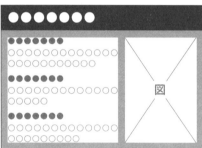

留出空白 ■ 在资料和图形的周围都留出空白，让文字的空间看起来有些富余。

✕ 未留空白

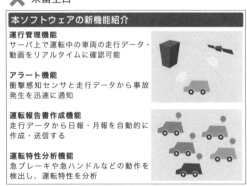

〇 留出空白

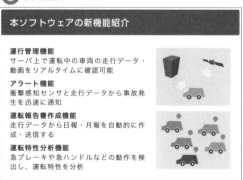

一定要留白 ■ 不仅资料和图片的周围要留白，在边框里输入文本时文本的周围以及文字之间也要留白。

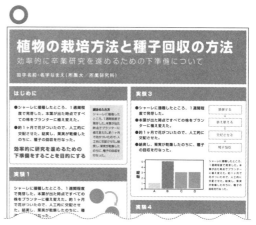

展示海报 ■ 在边框内输入标题和内容时，不要忘了在每个边框内都留出足够的边距。

通知海报 ■ 留白是排版的基本法则。虽然有的设计不留空白更能打动人心，但是这需要很高的技巧，所以还是在周围都留出一定的空白比较保险。

法则2　设置时需对齐

即使文字和图片都制作得很漂亮，但如果各要素没有对齐设置，资料也会显得很凌乱。对资料整体进行排版时，一般是将各要素向左对齐。

■对齐所有的要素

在考虑如何设置各要素时，要先设想一个参考线（用来对齐各要素的指导线条）再进行排版才比较好。以右图为例，边想象着红色的虚线线条，边将文本和图片对齐设置的话，资料就能排列得整整齐齐。这不仅是针对只有文字的资料，对包含图片和照片的资料来说同样也是能对齐就对齐。这样一来，资料就不再显得凌乱，相反会显得很协调，让人能够舒服地观看或阅读。

另外，在运用很多短句的幻灯片资料中，可以优先考虑换行的位置(请参照P.54)，此时文本的右侧不一定非得对齐。同样的，由于字数的不同，文本有时达不到下方的参考线。因此，排版时要优先考虑上方和左侧的参考线。

大家仔细观察一下身边的文件和广告，就会发现它们所有的要素都是对齐设置的哦(请参照P.102)。

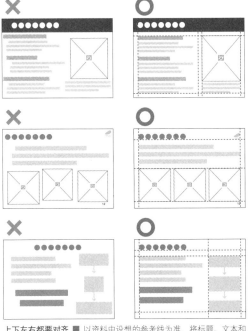

上下左右都要对齐 ■ 以资料中设想的参考线为准，将标题、文本和图片的上下左右都对齐设置。尤其是左侧和上方一定要对齐。

❌ 要素凌乱

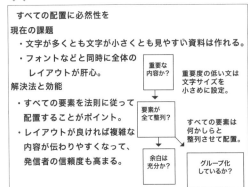

⭕ 对齐各要素

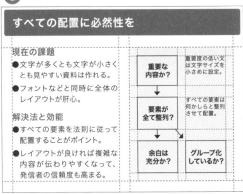

一切都要对齐 ■ 小标题和正文就不必说了，文字和图形的位置也要对齐。

资料越复杂，对齐越重要 ■ 计划书和大版海报等资料的内容越复杂，对齐就显得越重要。因此，尽量不要使用无法与其他要素对齐的文字和图形。

报告书等文件也要注意对齐 ■ 不需要多余的缩进，直接向左对齐。插图和照片等也要按照参考线对齐设置，这样能显著提高易读性。

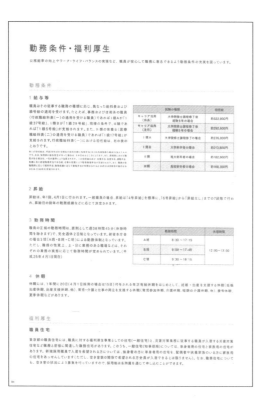

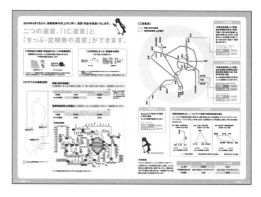

实际的例子 ■ 也许大家平时不怎么注意，我们日常见到的所有文件、广告及书籍中的文字和图形等要素其实都排列得很整齐。这是因为它们都是基于参考线进行排列的，所以阅读起来很方便。

Technic ▶ 将各个要素对齐

有效利用设置/排列功能

将文字、照片和图形等要素对齐排列是很重要的。不过一个一个地手动对齐的话，不仅麻烦而且有时还对不齐。这时利用 MS Office 以及 Illustrator、Keynote 中的"设置"功能就方便多了。以 PowerPoint 为例，在选中多个对象（文本框和图形）的状态下，Windows 系统按照 [设置]→[设置]，Mac 系统按照 [设置]→[设置/排列] 的操作，就能使用这项功能了。不仅可以设置向左对齐、向上对齐等各种对齐标准，还可以使多个对象同时对齐。甚至制作描边字体（P.37）时，也可以组合使用向左对齐和向上对齐，让2个文本完美地重叠在一起。

另外，它们还具有将多个对象等间隔排列的功能（排列功能）。这在等间隔地排列流程图等图形时很有帮助。

原文

原文

向左对齐

向上对齐

向右对齐

向下对齐

居中对齐

居中对齐

上下排列

左右排列

设置/排列功能 ■ 如果在选项 [设置] 中选择 [设置/排列]，就会出现这样的菜单。它有多个选项，可以在其中选择对齐的方向及位置。

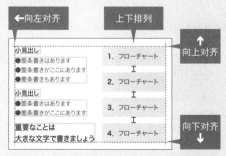

设置/排列 ■ 在这个例子中，如果使用四次设置/排列的功能，就可将图形和文本框整齐齐地排列在一起了。

设置/排列的类型 ■ 很多软件都具有这8种设置/排列的方式。在制作流程图等资料时，利用上下或左右排列的功能是十分方便的。

Column ▶ 将轮廓不明确的图片对齐

添加边框加以对齐

照片等轮廓明确的对象，只要把它的轮廓与其他的对象(文本或照片)对齐即可，所以将它们的位置对齐是比较简单的。麻烦的是轮廓不明确(或轮廓复杂)的插图与图表，即使想让它们与其他对象的位置对齐，也总是显得不太协调。要么看起来像漂浮在宇宙中一样，要么总感觉歪向左边，而且使版面变得比较复杂。

在这种情况下，只要把出现问题的这些对象用矩形框框起来，再为其添加背景色就可以了。接着，以这个轮廓为准去排列它与其他对象的位置。这样无论其中的对象是什么形状，看起来都能与其他的对象整齐有序地排列在一起。另外，在这种情况下如果矩形框及其背景色使用浅灰色或与对象本身同色系的颜色，版面就会显得很漂亮(关于配色的详细内容请参照 P.128)。

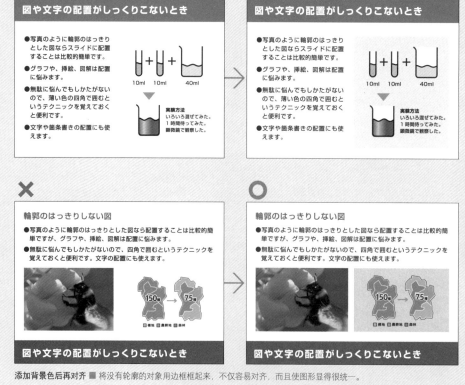

添加背景色后再对齐 ■ 将没有轮廓的对象用边框框起来，不仅容易对齐，而且使图形显得很统一。

研究発表における情報デザインの必要性について

添加边框加以对齐 ■ 使用不显眼的颜色将对象用边框框起来以后再对齐，会显得很漂亮。

進化と群集構造

局所群集内の系統関係と生態的形質の関係

ランダムから期待されるより
異なった系統が同じ群集内に
混じりあう場合 系統的に遠縁な群集

このような群集では…
類似した生態的特性をもつ近縁種間での競争により、
競争排除が生じ、異なる生態的特性をもつ系統的に
遠縁な種が共存する。

把文字框起来后比较容易对齐 ■ 将轮廓不明确的文字用边框框起来，再添加背景色，这样就容易与别的对象对齐了，而且版面也不复杂。不过，要注意不能过度使用边框及其背景色。

法则3　聚拢

对资料的各个要素进行排版时，"聚拢"是很重要的法则。版式单调、直观上难以理解的资料，如果能根据内容进行聚拢，其整体构成和逻辑就能很容易理解。

■让相关的部分相互靠近

将资料中关联性强的文字和图形靠近设置（＝聚拢），或将关联性强的不同文字内容靠近设置，就可以使整体的结构变得更明确，也容易使人从直观上理解内容。另外，关联性弱的内容之间要果断地留出空白。未经过聚拢处理的资料，读者在阅读时视线容易游离，搞不清楚应该先读哪里，从而会产生阅读负担。例子中出现的名片、幻灯片、海报以及文书，无论是哪一种类型经过聚拢处理后看起来都焕然一新。

　此外，要尽量避免使用P.122中涉及的边框来聚拢内容，而应尽量通过留白来聚拢内容。

 未聚拢

宮城県立大学 環境科学研究科
保全生物学研究室
テクニカルアドバイザー
宮城 拓郎
Takuro Miyagi
〒980-0000 宮城県仙台市青葉区 1-11
電話 0123-456-789
lmiyagia@mu.ac.jp

 已聚拢

宮城県立大学 環境科学研究科
保全生物学研究室

テクニカルアドバイザー
宮城 拓郎
Takuro Miyagi

〒980-0000 宮城県仙台市青葉区 1-11
電話 0123-456-789
lmiyagia@mu.ac.jp

聚拢 ■ 以名片为例，大学的名称和研究室的名称是关联性强的要素。头衔、名字及其罗马拼音是关联性强的要素，而其下的地址等是内容相近的要素。因此在这张名片中，除了标志以外，可以将其分成3个部分进行聚拢。

訪花したハチ
マメ科の植物に黒いハチが訪れて、蜜や花粉を集めています。一つひとつの花は、ハチと同じくらいの大きさでした。
訪花される花
こちらもマメ科の植物です。シロツメクサの仲間です。一つひとつの花は少し小さめで、花の基部の赤い色が目立ちます。

訪花したハチ
マメ科の植物に黒いハチが訪れて、蜜や花粉を集めています。一つひとつの花は、ハチと同じくらいの大きさでした。

訪花される花
こちらもマメ科の植物です。シロツメクサの仲間です。一つひとつの花は少し小さめで、花の基部の赤い色が目立ちます。

分项聚拢 ■ 让小标题和其下的文字相对靠近些，或将关联性强的文字和图片靠近些，经过这样的聚拢处理后就能从直观上把握内容的对应关系了。

■只有文字的资料也要通过聚拢使之便于阅读

在报告书及学术报告等只有文字的资料中，聚拢也能发挥其作用。注意各部分之间的间距要设置得比各部分内部的行间距大哦，如此一来资料就能焕然一新了。

伝わる情報デザインの意義と方法
南仙台工業大学 工学部 機械工学科　佐藤俊雄

情報は伝わりやすくなる
プレゼンテーションなどの資料におけるデザインには、大きく2つの役割があります。一つは、情報を洗練・整理して、理解しやすい形にすることで、聞き手にストレスを与えず、効率的に情報を伝えるという役割。このようなデザインを、聞き手に優しいデザインという意味で、「研究発表のユニバーサルデザイン」と呼ぶことにします。もう一つは、美しい資料を作成することで、人の目を引くための役割です。いずれにしろ、デザインは意見や気持ちを相手に伝える強力なツールとなります。

見た目と中身のフィードバックが
本当に大切な意義である
デザインの役割は、「情報を効果的に伝えること」と「聞き手に関心を持ってもらうこと」だけではありません。期待されるもう一つの重要な効果は、美しい資料を作成する過程で、本人の頭が整理され、資料の内容が洗練されることです。パッと見て整理されていない発表資料は、中身も整理されていないことが多いですよね。そう、「見た目を整理すること」と「内容を洗練させること」は、切っても切り離せない関係にあるのです。例えば、スペースの問題で文章を短くしなければならない場合、無駄に長い文章から洗練された文章ができあがります。あるいは、文章が長くなるのを避けるため内容を図解することがあります。図解化は、他でもなく自身の理解を促進させるものです。つまり、内容や理論展開に即したデザイン・レイアウトを考えることは、自らの発表内容に正面から向き合い、正確に理解すること

とに他なりません。発表者は情報をデザインすることで、自らの考えを洗練させていくことができると考えられます。さらに、研究内容の発展とコミュニケーションの円滑化は、当然、研究室全体、セミナー全体、学会全体の発展に繋がるはずです。情報をデザインするということは、「より伝わる」「聴衆により関心をもってもらう」「自分のアイデアを洗練させる」「グループ全体を発展させる」という4つの効果があると言えます。

デザインにはルールがある
さて、学会発表やプレゼンに関する優れたハウツー本は、数多く出版されています。実際、これらの解説書に習って論理展開やスライドのレイアウトに気をつけると、格段にわかりやすい発表ができます。一方で、これらの資料はケーススタディーであり、あるいは実践的であり、発表資料（スライドやレジュメ）の質を高めるために必要不可欠となる「デザインの基礎的なテクニック」を解説したものがほとんどないのが現状です。デザインにはルールがあります。わかりやすい・読みやすいと感じたポスターをマネたり、カッコいいと思ったスライドをマネしても、大抵はうまくいきません。

ルールを理解する
ルールを理解せずに表面的にマネているだけからでもまた、モノの本には、1枚のスライドでは「言いたいことは一つだけ」とか、1枚のスライドに何行以上の文章を書いてはいけないとか、1枚のスライドに一つのメッセージだけを書くとか、とにかく大きな文字が良いとか、機械なプレゼン資料を推奨

伝わる情報デザインの意義と方法
南仙台工業大学 工学部 機械工学科　佐藤俊雄

情報は伝わりやすくなる
プレゼンテーションなどの資料におけるデザインには、大きく2つの役割があります。一つは、情報を洗練・整理して、理解しやすい形にすることで、聞き手にストレスを与えず、効率的に情報を伝えるという役割。このようなデザインを、聞き手に優しいデザインという意味で、「研究発表のユニバーサルデザイン」と呼ぶことにします。もう一つは、美しい資料を作成することで、人の目を引くための役割です。いずれにしろ、デザインは意見や気持ちを相手に伝える強力なツールとなります。

見た目と中身のフィードバックが
本当に大切な意義である
デザインの役割は、「情報を効果的に伝えること」と「聞き手に関心を持ってもらうこと」だけではありません。期待されるもう一つの重要な効果は、美しい資料を作成する過程で、本人の頭が整理され、資料の内容が洗練されることです。パッと見て整理されていない発表資料は、中身も整理されていないことが多いですよね。そう、「見た目を整理すること」と「内容を洗練させること」は、切っても切り離せない関係にあるのです。例えば、スペースの問題で文章を短くしなければならない場合、無駄に長い文章から洗練された文章ができあがります。あるいは、文章が長くなるのを避ける内容を図解することがあります。図解化は、他でもなく自身の理解を促進させるものです。つまり、内容や理論展開に即したデザイン・レイアウトを考えることは、自らの発表内容に正面から向き合い、正確に理解すること

とに他なりません。発表者は情報をデザインすることで、自らの考えを洗練させていくことができると考えられます。さらに、研究内容の発展とコミュニケーションの円滑化は、当然、研究室全体、セミナー全体、学会全体の発展に繋がるはずです。情報をデザインするということは、「より伝わる」「聴衆により関心をもってもらう」「自分のアイデアを洗練させる」「グループ全体を発展させる」という4つの効果があると言えます。

デザインにはルールがある
さて、学会発表やプレゼンに関する優れたハウツー本は、数多く出版されています。実際、これらの解説書に習って論理展開やスライドのレイアウトに気をつけると、格段にわかりやすい発表ができます。一方で、これらの資料はケーススタディーであり、あるいは実践的であり、発表資料（スライドやレジュメ）の質を高めるために必要不可欠となる「デザインの基礎的なテクニック」を解説したものがほとんどないのが現状です。デザインにはルールがあります。わかりやすい・読みやすいと感じたポスターをマネたり、カッコいいと思ったスライドをマネしても、大抵はうまくいきません。

ルールを理解する
ルールを理解せずに表面的にマネているだけからでもまた、モノの本には、1枚のスライドでは「言いたいことは一つだけ」とか、1枚のスライドに何行以上の文章を書いてはいけないとか、1枚のスライドに一つのメッセージだけを書くとか、とにかく大

利用间距的差别凸显各个部分 ■ 只有文字的资料也可以通过调节段间距使之显得井井有条。

エレベータ内緊急用品の設置

当マンション設置のエレベータは旧式であり、地震を感知すれば自動的に最寄りのフロアにストップする仕組みがないため、地震発生時に閉じ込められる恐れがある。また、そのような事態が発生した場合、同時に広範囲にわたり数万カ所のエレベータで、同様の事態が発生する可能性があり、救護要請をしても救助に数日以上の日数を要する恐れがある。

防災マニュアルの整備

大地震発生時は、在宅者のみでの一次対応が求められる。諸問題に迅速に対応するため、発生時のマニュアルやルールを整備しておきたい。理事会の統括のもとに、情報広報班・要介護者救助班・救護衛生班・防火安全班などを設置すること、それぞれの役割分担などをあらかじめ明確にしておきたい。

エレベータ内緊急用品の設置

当マンション設置のエレベータは旧式であり、地震を感知すれば自動的に最寄りのフロアにストップする仕組みがないため、地震発生時に閉じ込められる恐れがある。また、そのような事態が発生した場合、同時に広範囲にわたり数万カ所のエレベータで、同様の事態が発生する可能性があり、救護要請をしても救助に数日以上の日数を要する恐れがある。

防災マニュアルの整備

大地震発生時は、在宅者のみでの一次対応が求められる。諸問題に迅速に対応するため、発生時のマニュアルやルールを整備しておきたい。理事会の統括のもとに、情報広報班・要介護者救助班・救護衛生班・防火安全班などを設置すること、それぞれの役割分担などをあらかじめ明確にしておきたい。

调节各部分间的留白 ■ 将各部分的标题和内容设置得近一些，以便直观地区分各个部分。

■图形与文字组合时的聚拢

信息量较大时,关联性强的文字和图片要设置得近一些,关联性弱的要素之间要留出空白,以明确文字和图片的关系。

✖ 照片与标题文字分离

ハチと花　　　　　　　赤と白の花

スライドやポスターの項目のレイアウトを考える際、先述の箇条書きの例と同様に、「グループ化」という考え方が重要になります。単調にレイアウトされると直感的に理解しにくい場合でも、内容に即してグループ化を行なうことで、全体の構成やロジックが理解しやすくなります。

⭕ 照片与标题文字接近

ハチと花　　　　　　　赤と白の花

スライドやポスターの項目のレイアウトを考える際、先述の箇条書きの例と同様に、「グループ化」という考え方が重要になります。単調にレイアウトされると直感的に理解しにくい場合でも、内容に即してグループ化を行なうことで、全体の構成やロジックが理解しやすくなります。

照片及其标题 ■ 因为照片及其标题是一个整体,所以要将它们设置得相对近一些。

✖ 各要素之间未留空白

⭕ 各要素之间留出空白

通过留白来聚拢 ■ 信息量较大时,有效利用留白将各部分聚拢起来,能使资料更容易阅读。

Column ▸ 优美地添加解说词

明确解说词与图片的关系

我们有时会为图片添加解说词(文字说明)。解说词对正确理解图片起着非常重要的作用，所以我们要根据法则正确地设置它。

位置要对齐

解说词并不是简单地靠近图片就可以了，最重要的法则是它要与图片的幅面"对齐"。只要能与图片的上下或左右对齐，就能明确它与图片的关系。

　一般来说，解说词的文字都是向左对齐(当解说词在图片的左侧时，有时向右对齐会更漂亮)。

留白

图片和解说词之间，要留出与行间距差不多的空白。距离太近的话显得很拥挤，距离太远的话与图片的关系又不够明确。

宽度与高度要对齐 ■ 解说词设置在图片的右侧时，文字的高度应与图片的上下(特别是第一行文字的高度要与图片的上方)对齐。解说词设置在图片的下方时，文字的左右应与**图片的宽度对齐**。

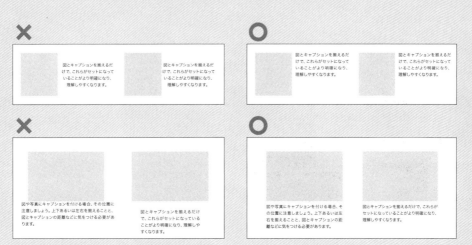

位置的对齐与行间距 ■ 解说词应与图片的高度或宽度对齐，同时解说词和图片之间应留出合适的空白(与行间距差不多的空白)。

法则4　对比

根据句子和单词的重要性来决定它们的显眼性，即重要的地方需要着重强调。由此引导读者的视线移动，使其能够较轻易地把握资料的内容。

■图片和文字都需要增强对比

与毫无抑扬顿挫的说话方式相同，文字和图片如果只是单调地排列在一起,读者就会对哪里是重点感到很迷茫。所以重点的地方和非重点的地方一定要形成对比，让人一眼就能够把握整体的结构和重点的地方，从而加深对内容的理解。

■在文字的粗细、背景、颜色、大小方面增强对比

改变文字的"大小"和"粗细"也是增强文字对比很有效的方法。可以说，标题和小标题一定要使用其中的一种方法。除此之外，还有为标题和小标题添加"颜色"、添加背景(边框)等的方法。这些方法都非常适用于幻灯片资料的标题。

強弱をつけて読みやすく

・読みやすいレイアウトは存在する！
行間・字間・書体・改行に注意を払うと同時に、文字のサイズや太さに強弱をはっきりつける。
・答えはひとつではない！
状況によって最適なレイアウトは異なるし、センスやスタンスも人により様々である。
・ルールが分かれば誰でも改善！
個性とルールは相容れないものではないので、これらの両立した発表資料を作る。

強弱をつけて読みやすく

読みやすいレイアウトは存在する！
行間・字間・書体・改行に注意を払うと同時に、文字のサイズや太さに強弱をはっきりつける。

答えはひとつではない！
状況によって最適なレイアウトは異なるし、センスやスタンスも人により様々である。

ルールが分かれば誰でも改善！
個性とルールは相容れないものではないので、これらの両立した発表資料を作る。

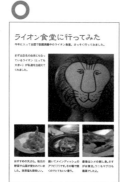

強弱をつけて読みやすく

読みやすいレイアウトは存在する！
行間・字間・書体・改行に注意を払うと同時に、文字のサイズや太さに強弱をはっきりつける。

答えはひとつではない！
状況によって最適なレイアウトは異なるし、センスやスタンスも人により様々である。

ルールが分かれば誰でも改善！
個性とルールは相容れないものではないので、これらの両立した発表資料を作る。

图片的对比 ■ 根据图片的重要性更改它的大小，可以引导读者的视线移动。

文字的对比 ■ 通过更改颜色、大小或添加背景等方法来增强文字的对比，使资料更容易阅读。

■通过对比来明确层次（优先顺序）

幻灯片的封面中既有重要的信息，也有不重要的信息。这时就需要按照优先顺序，运用文字的大小和粗细来增强对比，使资料更容易阅读。

对于只有文字的文件和报告来说，增强文字的对比效果也十分明显。可以通过文字的粗细和大小划分出层次，做到小标题比正文更醒目、标题比小标题更醒目。不过如果划分的层次太多，反而会使强调之处不够明显，造成资料阅读困难。所以，要注意同一份资料中出现的文字粗细和大小不能太多样。

大学法人 北東大学主催
21世紀のエネルギー技術に関するフォーラム

次世代ABCの開発に向けた研究基盤の創出
～プロジェクト立ち上げからの1年間を振り返って～

日本エナジー大学 エナジー科学研究科 高橋佑磨
北東市国際会議場
平成25年3月27日～4月2日

大学法人 北東大学主催
21世紀のエネルギー技術に関するフォーラム

次世代ABCの開発に向けた研究基盤の創出
～プロジェクト立ち上げからの1年間を振り返って～

日本エナジー大学 エナジー科学研究科 高橋佑磨
北東市国際会議場
平成25年3月27日～4月2日

根据优先程度进行对比 ■ 在文字的粗细、大小和颜色方面增强对比会使资料更便于阅读。

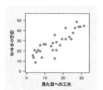

标题和小标题使用粗体 ■ 标题和小标题使用粗体字体，能轻而易举地增强对比。

Column ▶ 通过提高跳跃率来增强对比

通过极端的对比来吸引眼球

"跳跃率"是指标题、小标题的文字大小与正文文字大小之间的比率。跳跃率低的版面会让人觉得稳重，跳跃率高的版面能让人感觉到强烈的跃动感。而且，它能让需要关注的地方变得更明确、更有利于阅读。但是决定资料的易读性和跃动感的并不是文字的绝对大小，而是与正文形成的相对大小哦。如果所有的文字都想引人注目，就会降低跳跃率，所以对不太重要的文字要大胆地设置得小些，这点很关键。在幻灯片的封面、海报、传单等资料中，跳跃率显得尤为重要。

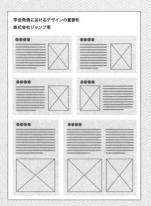 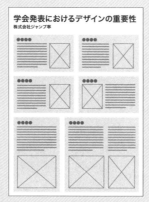 

跳跃率的不同与醒目性 ■ 跳跃率越高，越能吸引人。

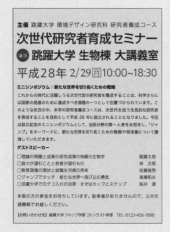 

提高跳跃率有利于阅读 ■ 跳跃率对视线的引导作用是非常重要的。跳跃率太低，阅读的顺序就会不明确，从而需要花更多的时间来把握内容。

Column ▶ 过度的强调会丧失对比

如果什么都强调的话……

不能因为需要引人注目的地方有很多，就到处使用粗体字体加以强调。这种过度强调会使资料丧失对比，反而使内容变得不明显。而且强调正文中的重要内容所采用的方法，如果与强调标题等结构相关部分的方法没有差别的话，就会使整体的结构不清晰。

突出对比的最好方法就是减少需要强调的地方。另外，强调正文中的重要内容时，采用与标题、小标题等结构相关部分的强调方法不同的方法，并根据其重要性区分出层次，会十分有效。

> 研究発表における情報デザインの必要性
> 国見電気大学 佐藤俊男
>
> **情報は伝わりやすくなる**
>
> プレゼンテーションなどの資料におけるデザインには、大きく2つの役割
> 一つは、情報を洗練・整理して、理解しやすい形にすることで、聞き手に
> 与えず、効率的に情報を伝えるという役割。このようなデザインを、聞き手
> デザインという意味で、「研究発表のユニバーサルデザイン」と呼ぶことに
> **う一つは、美しい資料を作成することで、人の目を引くための役割です。**い
> デザインは意見や気持ちを相手に伝える強力なツールとなります。
>
> **見た目と中身のフィードバック**
>
> デザインの役割は、「情報を効果的に伝えること」と「聞き手に関心を持って
> だけではありません。**期待されるもう一つの重要な効果は、美しい資料を**
> 程で、本人の頭が整理され、資料の内容が洗練されることです。パッと見
> ていない発表資料は、中身も整理されていないことが多いですよね。そう
> 整理すること」と「内容を洗練させること」は、切っても切り離せない関係に
> 例えば、スペースの問題で文章を短くしなければならない場合、無駄に
> 洗練された文章ができ上がります。あるいは、文章が長くなるのを避ける
> 図解化することがあります。図解化は、他でもなく自身の理解を促進させ
> つまり、**内容や理論展開に即したデザイン・レイアウトを考えることは、**
> **内容に正面から向き合い、正確に理解することに他なりません。**発表者は
> インすることで、自らの考えを洗練させていくことができると考えられま
> 研究内容の発展とコミュニケーションの円滑化は、当然、研究室全体、セ
> 学会全体の発展に繋がるはずです。**情報をデザインするということは、「よ**
> **衆により関心をもってもらう」「自分のアイデアを洗練させる」「グルー**
> **させる」という4つの効果があると言えます。**
>
> **デザインにはルールがある**
>
> さて、**学会発表やプレゼンに関する優れたハウツー本は、数多く出版さ**
> 実際、これらの解説書に習って論理展開やスライドのレイアウトに気を

> 研究発表における情報デザインの必要性
> 国見電気大学 佐藤俊男
>
> ▌**情報は伝わりやすくなる**
>
> プレゼンテーションなどの資料におけるデザインには、大きく2つの役割
> 一つは、情報を洗練・整理して、理解しやすい形にすることで、聞き手に
> 与えず、効率的に情報を伝えるという役割。このようなデザインを、聞き
> デザインという意味で、「研究発表のユニバーサルデザイン」と呼ぶことに
> う一つは、美しい資料を作成することで、人の目を引くための役割です。い
> デザインは意見や気持ちを相手に伝える強力なツールとなります。
>
> ▌**見た目と中身のフィードバック**
>
> デザインの役割は、「情報を効果的に伝えること」と「聞き手に関心を持って
> だけではありません。期待されるもう一つの重要な効果は、美しい資料を
> 程で、本人の頭が整理され、資料の内容が洗練されることです。パッと見
> ていない発表資料は、中身も整理されていないことが多いですよね。そう
> 整理すること」と「内容を洗練させること」は、切っても切り離せない関係に
> 例えば、スペースの問題で文章を短くしなければならない場合、無駄に
> 洗練された文章ができ上がります。あるいは、文章が長くなるのを避ける
> 図解化することがあります。図解化は、他でもなく自身の理解を促進させ
> つまり、内容や理論展開に即したデザイン・レイアウトを考えることは、
> 内容に**正面から向き合い**、正確に理解することに他なりません。発表者は
> インすることで、自らの考えを洗練させていくことができると考えられま
> 研究内容の発展とコミュニケーションの円滑化は、当然、研究室全体、セ
> 学会全体の発展に繋がるはずです。情報をデザインするということは、「よ
> 衆により関心をもってもらう」「自分のアイデアを**洗練させる**」「グループ
> させる」という4つの効果があると言えます。
>
> ▌**デザインにはルールがある**
>
> さて、学会発表やプレゼンに関する優れたハウツー本は、数多く出版さ
> 実際、これらの解説書に習って論理展開やスライドのレイアウトに気を

把强调程度降到最低 ▌ 需要强调的地方只限于最重要的地方。通过改变强调的方法来丰富层次结构，有助于读者理解资料的结构和重点内容。

法则5　重复

如果资料的统一性不强，读者在阅读每一页或每一张幻灯片时都需要重新理解它的结构，就会产生疲劳感。而重复使用某一种版式的话，则会增强资料的统一性，给人稳定的感觉。

■重复的版式

为了使资料具有统一性，在整篇资料中反复运用相似的版式会比较好。以幻灯片资料为例，标题的颜色、大小、空白、正文的字体大小等，在所有幻灯片页面中都应保持统一。如果每一页幻灯片的设计都不相同，就会让读者不知不觉间感到别扭，很难专注于内容。这时，运用"反复"的技巧就能制作出稳定感强的幻灯片资料了。由此读者也能在无意识中感到安心，容易专注于内容。

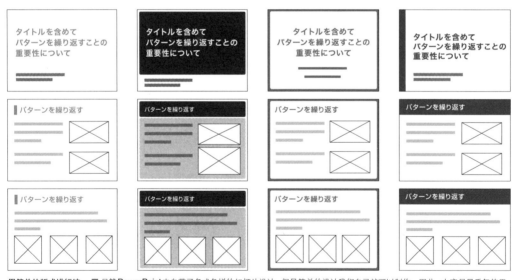

用简单的版式进行统一 ■ 尽管PowerPoint中自带了各式各样的幻灯片设计，但是简单的设计我们自己就可以制作。因此，大家尽量重复使用既简单又能让人感觉安心的版式吧。

■严格遵守法则

通常每一页幻灯片的信息量是不太相同的，但是不能因为信息量不同就改变每页文字的大小或改变资料上下左右空白的大小。

如果资料整体不能贯彻同一种版式法则，就会丧失统一性。一旦没有统一性，读者就很难专注于内容，甚至误解内容。不仅如此，还会让人觉得资料准备得不够用心。

当然，小标题很长或字数很多时想要更改文字的大小和四周空白的大小，这是可以理解的。但是，可以先努力尝试缩短标题或减少正文字数。在法则的限定下对信息进行取舍，以此让内容更加精练。切记，千万不要轻易地减少空白或缩小文字。

✗ 未遵守法则

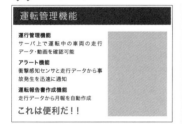

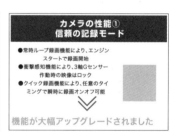

● 遵守法则

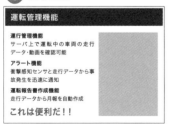

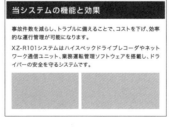

遵守法则 ■ 文字的大小、配色和空白的大小等，在整篇资料中应得到统一。

按照内容的结构进行排版

4-6

阅读横写的资料时，人的眼睛是从左上方移动到右下方的。因此，当标题和小标题设置在资料的左上方时，与之相关的内容就应出现在标题靠右靠下的位置，这样才方便阅读。

■不要在标题以上的地方书写内容

存在标题时我们一定要将内容写在标题以下的地方，也就是在右图虚线显示的边框内书写内容。通常在这个领域内书写内容是最好的，决不要写在标题的旁边或标题以上的空白处。

在标题的右下方书写内容可以起到明确内容从属关系的作用。如果超出了右下方这个领域，就不能被看作从属关系了。所以，不要出现下图中内容超出标题左侧的情况。

ここにタイトルなら

内容を書けるのは
この領域だけ

标题和内容的位置关系 ■ 内容一定要设置在标题以下的地方。

本ソフトウェアの新機能紹介

●サーバ上で運転中の車両の走行データ・動画・音声をリアルタイムに確認可能

●衝撃感知センサと走行データから事故発生を迅速に通知

●走行データから日報・月報を自動的に作成・送信する

●急ブレーキや急ハンドルなどの動作を検出し、運転特性を分析

本ソフトウェアの新機能紹介

●サーバ上で運転中の車両の走行データ・動画・音声をリアルタイムに確認可能

●衝撃感知センサと走行データから事故発生を迅速に通知

●走行データから日報・月報を自動的に作成・送信する

●急ブレーキや急ハンドルなどの動作を検出し、運転特性を分析

左侧也不要超出 ■ 内容不要超出标题的左侧，这样比较保险。

■小标题中也要明确从属关系

无论标题多小，这项法则都很适用。不能因为小标题的旁边还有空白就插入文字或图片，如果不遵守这项法则就会出现下面左图中整体结构含糊不清的问题。而右图进行修改后，每一个部分的整体性都很强，页面整体的结构也很明确，因此很容易阅读。正因为标题的旁边留出了空白，页面才不会显得拥挤，同时强化了聚拢的效果。

以上的例子说明了排版时不仅不用担心会产生空白，而且要充分利用空白，这是非常重要的。挤得密密麻麻的资料会让人从一开始就感到头晕目眩，所以越是内容多的资料就越需要利用空白对内容加以整理。

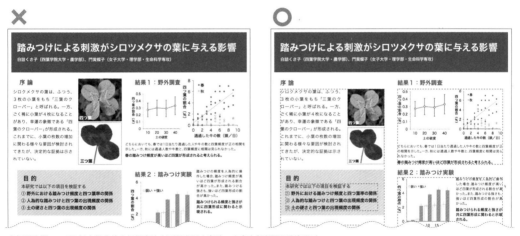

小标题也要…… ■ 每个部分的小标题旁边也不要书写内容哦。内容全部都要写到红框内。

排版时要考虑视线的移动

对多个部分和要素进行排版时，要考虑到人的视线的移动。具体来说，横写的资料要按Z流线、竖写的资料要按N流线进行排版，这样阅读起来才会比较方便。

■不自然的视线流线是不可取的

不仅是单个的部分，就是对整体资料进行排版时也要考虑到视线的移动。日文资料在横写时是从左上方，竖写时是从右上方开始的，而读者的视线是从左至右、从上至下移动的。在某一页资料中出现多个部分时，视线是按照 "Z形" "N形" 的流线移动的。因此，对多个部分进行排版时要注意不能影响人的视线的自然移动。如果视线不能自然移动，就会给读者带来阅读负担。

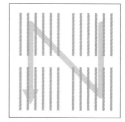

视线的移动 ■ 人的视线一般是按照横写时Z型，竖写时N型的方向移动的。

✕ 阅读顺序不明

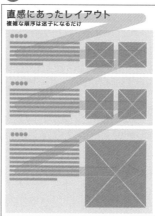
⬤ 能自然而然地阅读

⬤ 能自然而然地阅读

引导视线 ■ 不要出现与读者视线自然移动不相符的顺序，要按照视线自然移动的流线来决定整体的排版。将内容按照Z型来排版的话，便于大多数人自然阅读。

■用边框、箭头或序号来明确顺序

即使是按照视线自然移动的顺序进行排版，当信息量较大时也有可能弄错阅读的顺序。这时，需要通过添加边框和背景来聚拢内容以明确顺序。如果这样还不易明白顺序，就可以借助于箭头和序号。不过，我们在排版时最好不要一开始就依赖这些方法。

用边框加以引导 ■ 只要在边框或背景色上下点功夫，就能明确阅读的顺序。根据聚拢的法则，把顺序接近的内容设置得靠近一些，或者将它们放入同一个边框，这样就不容易弄错顺序了。

用箭头或序号加以引导 ■ 尽管有些强制性，但是利用箭头或序号就不容易弄错阅读顺序了。

照片和图片的处理方法

照片和图片变形了或是它们的位置和形状不整齐时，都会给人留下不好的印象。排版时，可以边裁剪边注意对齐它们的位置。

■照片不要变形

对照片进行排版时最忌讳的就是照片发生了变形。除非是根据排版需要故意将照片变形，否则一般情况下在排版时无论是放大还是缩小照片，都要注意不能改变照片的纵横比(通常，按 Shift 键放大或缩小照片是不会改变照片的纵横比的)。如果想改变照片的形状，可以对照片进行"裁剪"（请参照下一页）。顺便提一下，如果把照片裁剪成"正方形"，排版会比较容易，而且资料也会显得很美观。

✖ 变形时

⭕ 裁剪后

■照片的形状要尽可能对齐

当一页资料中出现多张照片和图片时，应尽可能将它们裁剪成相同的形状，使之排列整齐，而且要努力做到照片的上下左右都对齐。

照片不要变形 ■ 变形的照片让人心生同情，我们可以在不变形的前提下利用裁剪功能修改照片的形状。

✖ 形状位置都不同

⭕ 形状对齐排列

对齐照片 ■ 多张照片应尽量采用相同的形状，上下左右都要对得整整齐齐，这样版面才会显得很漂亮。

■图片和标志也不要变形

不仅仅是照片，还要尽量避免更改图片和图像的纵横比。因为这么做不仅令人看得费劲，也不漂亮，还使人对资料的印象变差。图表和表格等图像决不要发生变形哦，还有变形的文字会使人阅读困难。而标志是一个组织或公司的脸面，所以也千万不要更改它的纵横比。

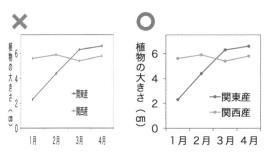 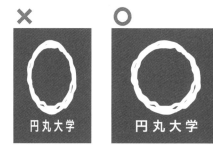

图片不要变形 ■ 图表和标志等图像也是禁止变形的。

TIPS 照片的裁剪与对齐

很多软件都可以进行裁剪，比如利用 Word 和 PowerPoint 的"裁剪"功能、Illustrator 的"剪切蒙版"功能以及 Keynote 的"蒙版"功能对图像进行剪裁、对齐。

Word 和 PowerPoint ■ 在图片格式中选择裁剪。

Illustrator ■ 利用剪切蒙版进行裁剪。

对齐多张照片 ■ 正方形的照片在排版时比较轻松。

边框不要使用过度、圆角半径不要太大

每个部分都用边框进行聚拢，这对明确资料的结构是十分有益的。但是边框的添加和设置的方法会对资料整体的美观性产生很大的影响，所以使用时要注意。

■决不要过度使用边框！！

将几段文字或图片用边框聚拢起来，或将小标题框起来加以强调，都是很好的方法。但是千万不要使用过度，因为什么都使用边框会使要素太多而显得杂乱，让人无法专注于内容。我们可以利用空白来最低限度地使用边框。

虽然使用了边框，但是不要随意添加边框颜色哦。如果想突出小标题，通过更改字体的种类、颜色或大小来实现会比较好。

✖ 过度使用边框

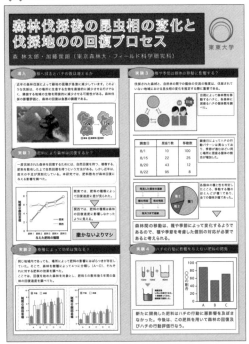

⭕ 最低限度地使用边框

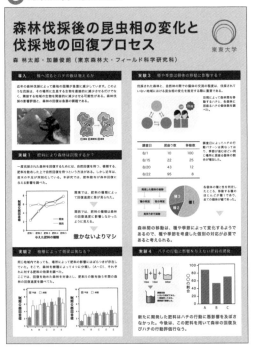

利用空白进行排版 ■ 不要过度使用边框，而要充分利用空白和粗体字体进行排版。

■边框要对齐设置

如果边框排列得不整齐就会造成空白忽大忽小，给人留下不好的印象。排列边框时要注意与相邻的边框对齐，且留出的空白要均匀。

■圆角不要太大

在第3章中已经论述过了，圆角矩形边框的圆角如果太大，就会使圆角附近的文字太靠近边框，而且圆角外侧的空隙会太大。所以使用圆角矩形边框时，要注意圆角不要太大。当然，如果使用的是四角尖尖的矩形边框就不会有这样的担心啦。

✗ 圆角太大

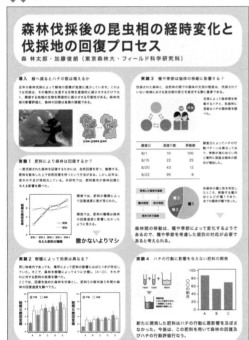

◯ 圆角适合

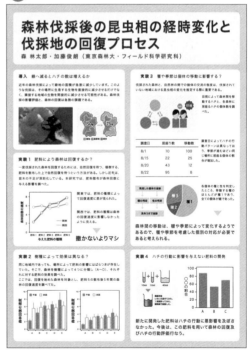

边框的排版 ■ 使用边框将每个部分的内容框起来时，注意边框之间的间隔要均匀。如果使用圆角矩形，还要注意圆角的半径不要太大。

Column ▶ 醒目标识也能提升魅力

引人注目也是很重要的

例如活动通知海报、传单以及海报等，要想让人观看内容首先得吸引人的注意力。不过，海报等资料并不是只要吸引人就可以了。因为如果它的颜色过于鲜艳，一旦人们真想观看内容时就会觉得太费劲。

　　所以需要一种既能让人一眼就捕捉到它，又不会有损资料可读性的要素。这个要素就叫"醒目标识"，文字、图形、插图、照片等都能成为醒目标识之一。例如，在不妨碍文字的情况下可以在背景里使用大幅的图画，或添加大幅象征内容的照片或图画，以吸引人们的眼球。大大的文字很适合抓住人们的心情，所以放大标题等的重要文字也能收到很好的效果。大大的圆形或锯齿状的圆形，更是效果极佳的醒目标识。

✖ 没有醒目标识

主催 跳躍大学 環境デザイン研究科
研究者養成コース

送粉昆虫育成セミナー

場所 跳躍大学 生物棟 大講義室

平成 28年 2/29 [月] 10:00~18:30

ミニシンポジウム：送粉昆虫の将来を再考する
マルハナバチを始めとするハチ類は、植物の花粉のやりとりにおいて重要な役割を担っており、野菜や果物の生産において欠かすことのできない有用動物である。しかし、近年の不景気による野生生活の困窮により、ハチ類の個体数や多様さが失われつつある。このような時代背景から、ハチ類に関して量より質が求められるようになってきたといえよう。本シンポジウムでは、教育の専門家や蜂の生態の専門家、経済学の専門家を集め、多角的視座から蜂の教育・育成に関して緊急提言を行なう。

ゲストスピーカー
○昆虫への教育がもたらす社会的、生物学的影響　　跳躍太郎
○数と質の経済学：昆虫の世界から見えてくるもの　林　次郎
○養蜂場からのお願い：ミツバチもいます　　　　　佐藤俊男
○景気の動態とマルハナバチの生活　　　　　　　　丸花武志
○視力を鍛える：効果的な送粉者の開発に向けて　　宮崎花子

多数の方の参加をお待ちしています。駐車場がありませんので、公共交通機関でお越しください。

【お問い合わせ先】跳躍大学 ジャンプ学部 コントラスト学部　TEL: 0123-456-7890

⭕ 有醒目标识

醒目标识 1 ■ 与其将所有的部分都变得很醒目，不如将其中一个部分夸张地放大来得醒目。这里将插图制作成了一个醒目标识。

醒目标识2 ■ 也可以将照片和文字制作成醒目标识，下定决心将它们放大是重中之重。红色的 ● 有助于吸引眼球。利用醒目标识，可以引导读者视线的移动。

Technic ▶ 不要使用默认的文本框

新建文本框

在 PowerPoint 中，有时会根据文本框内的字数自动调整文字的大小，有时会根据字数自动调整文本框的大小。乍一看这是很难得的功能，但是这种自动调节的功能却会妨碍我们按法则编辑图形和文字。

一般来说，不要使用右图那样的默认文本框，而要使用自己新建的文本框。如果使用了默认的文本框，则在文本框格式中选择[不自动调整]就可以了。尤其是在不能如愿调整文字的大小或文本框(或其他图形)的大小时，可以先确认一下以上的设置。

此外，右击文本框，选择[设置成默认文本框]，这样就不用再对新插入的文本框进行一一设置了(有些版本的 Office 软件不能实现)。

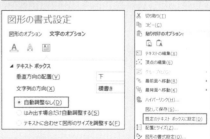

配色的基础

颜色也是影响资料效果的一个重要因素。比起单调的黑白资料，彩色的资料更具魅力，也有助于理解内容。不过，使用的颜色太多样反而会影响资料的阅读。

■色彩的基本知识

客观地表示颜色的方法有很多，比较容易直观理解的是 HSV 颜色空间。它能反映色相(Hue)、饱和度(Saturation)和明度(Value)这3个要素。

　色相是表示红、黄、蓝、绿等颜色的要素。饱和度是表示色彩鲜艳程度的要素。相同色相的颜色，饱和度越高颜色越鲜艳，饱和度越低越接近灰色。饱和度为零时，图像就会变成无彩色(黑色、白色或灰色)。明度是表示色彩的明暗程度的要素。即使色相和饱和度都相同，但明度越低越显暗，明度越高越显亮。

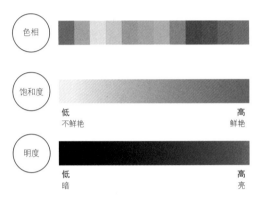

HSV颜色空间 ■ 可以将色彩分成色相(H)、饱和度(S)和明度(V) 3个要素进行直观的理解。

■色彩的印象

色彩具有各种各样的印象，每种色彩都具有好的印象和差的印象。具有代表性的几种颜色的印象如右图所示。例如红色具有"热情"的良好印象，同时也具有"危险"的不好印象。在理解了色彩的印象之后，我们有必要按照 TPO 原则慎重地选择颜色。很明显，黑色不适用于宣传面向孩子的产品传单，而与食品相关的资料也不适合使用蓝色和紫色。

	好的印象	差的印象
红色	热情、火热	危险、花哨
橙色	活泼、精力充沛	闹腾、花哨
黄色	精力充沛、轻快	喧闹、庸俗
绿色	平静、年轻	不成熟
蓝色	理性、凉快	冰冷、冷酷
紫色	高贵、高级	神灵、神秘
白色	清洁、廉洁	冰冷、轻薄
黑色	厚重、豪华	恐怖、忧郁

色彩的印象 ■ 每种色彩都具有好的印象和差的印象。但是不同的饱和度和明度产生的印象大不相同，所以以上印象并不适用于所有场合。

■使用颜色的注意事项

资料颜色的使用方法不同，留给人的印象也大不相同。在幻灯片等展示资料中如果不使用彩色，不仅很难理解重要的地方，甚至让人感觉资料准备得不用心。另外，如果颜色使用得太杂也会妨碍人们对内容的理解。所以，颜色的种类太少或太多都不好。从下一页开始将为大家说明使用颜色时，包含背景色在内控制在4种颜色比较好。

多 颜色的种类 少	难以理解内容。 让人感觉过于花哨、不精炼。 难以专注于内容。 难以抓住要点。 让人感觉资料准备得不用心

此外，有些颜色搭配在一起会使文字难以阅读。而且，在配色方面要越来越多地考虑到有色觉障碍的读者。因此，为了让色彩发挥出更好的效果，就需要遵守一定的法则。从下一页开始将为大家介绍基本颜色的使用方法、选择方法及搭配方法。

✖ 颜色太少

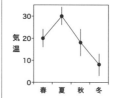
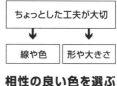

◯ 适合

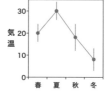
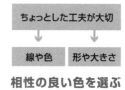

✖ 颜色太多

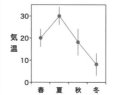
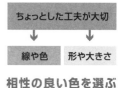

颜色太少或太多 ■ 一份资料当中的颜色种类太少或太多都不好。

颜色选择的基本方法

使用的颜色太多会使资料显得杂乱难以阅读，而随意选择颜色也会使资料不易阅读。所以要掌握正确的颜色的使用方法，才能制作出令人舒适且便于阅读的资料来。

■不要使用饱和度过高的标准色

并不是随便使用什么颜色都可以的哦。尤其是观看投影仪上放映的或电脑屏幕上的资料时，饱和度太高的标准色不仅对眼睛不好，而且让人一眼就能看出这些都是随意选择的颜色。所以尽量不要使用 Word 和 PowerPoint 中自带的颜色（尤其是黄、红、蓝、绿等标准色），而要选择稍微稳重些的颜色才比较好。

✖ 标准色

〇 稳重的颜色

控制色调 ■ 最好使用色调（饱和度和明度）有所控制的稳重的颜色。另外，鲜艳的颜色只能显示在屏幕上，实际上它们的颜色是很相近的。

Mac 　 Mac 　 Windows

 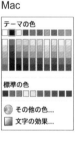 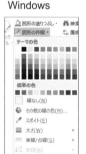

标准色太花哨 ■ MS Office 中的"标准色"饱和度太高。

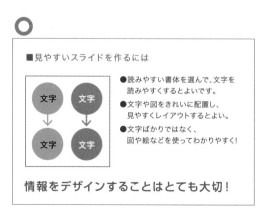

使用稳重的颜色 ■ 使用色调有所控制的颜色，能使资料显得稳重、易读。

■使用同色系的颜色来减少颜色的种类

当我们希望资料能够引人注目、具有魅力时，很可能会在不知不觉间使用太多的颜色。但是如上所述，只要颜色种类过多资料就不便阅读，所以我们得想方设法减少颜色的种类。

为了减少颜色的种类，可以使用资料中已经出现的颜色或是与它同色系的颜色。如右图所示的资料中已经使用了绿色(标题部分)和红色(图表部分)，那么重复使用绿色和红色就比较适合。也可以使用同色系的颜色，因为它让人感觉不到颜色的增加，可以有效地防止颜色变得太花哨。

■使用灰色来减少颜色的种类

除了使用同色系的颜色之外，还可以使用灰色。灰色也称为无彩色，它不会增加颜色的种类。所以，当使用同色系的颜色仍然有些花哨时就可以使用灰色。

TIPS 颜色的抽出

在Windows的PowerPoint中，可以利用 "吸管" 功能将幻灯片中喜欢的文字或图像的颜色抽出来。Mac系统中，可以单击放大镜的标志，将图像上的各种颜色都抽取出来。有了这些功能，要调整或统一颜色就会轻松很多。

Windows　　　　　　Mac

✖ 颜色太多

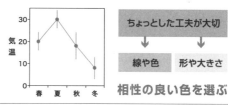

◯ 使用同色系的颜色

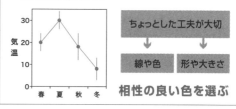

使用同色系的颜色来解决 ■ 使用同色系的颜色，让人感觉不到颜色的增加。

◯ 使用灰色

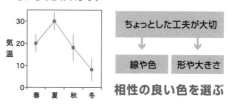

灰色很好用 ■ 使用无彩色的灰色是很好用的技巧之一。

文字颜色和背景颜色的搭配

文字颜色和背景颜色的搭配，也是需要注意的。这是非常重要的一点，其难度也非常大。这里将为大家介绍任何人都能轻易做到的选择颜色的要点。

■背景颜色和文字颜色的明度要形成对比

要想提高易读性，加强对比是非常重要的。例如在以下的例子中，如果背景颜色和文字颜色的明度没能形成对比，文字阅读就比较费劲。如果背景色是暗色，那么文字应尽可能使用明亮的颜色。当然，当背景是白色或是亮色时，文字就不要使用灰色，而应尽量使用深色、暗色。

明度にコントラスト	明度にコントラスト	明度にコントラスト
明度にコントラスト	明度にコントラスト	明度にコントラスト
明度にコントラスト	明度にコントラスト	明度にコントラスト
明度にコントラスト	明度にコントラスト	明度にコントラスト
明度にコントラスト	明度にコントラスト	明度にコントラスト

文字和背景 ■ 对比度不同，易读性也不同。

✕ 明度未形成对比

オブジェクトや挿絵も改善

●図表やオブジェクトの初期設定は必ずしも見やすいものではありません。

●ほんの少しの工夫とほんの少しの労力で、見やすく美しいものが作れます。

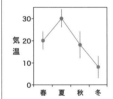

○ 形成对比

オブジェクトや挿絵も改善

●図表やオブジェクトの初期設定は必ずしも見やすいものではありません。

●ほんの少しの工夫とほんの少しの労力で、見やすく美しいものが作れます。

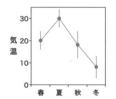

✕

オブジェクトや挿絵も改善

●図表やオブジェクトの初期設定は必ずしも見やすいものではありません。

●ほんの少しの工夫とほんの少しの労力で、見やすく美しいものが作れます。

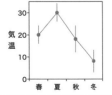
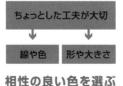

○

オブジェクトや挿絵も改善

●図表やオブジェクトの初期設定は必ずしも見やすいものではありません。

●ほんの少しの工夫とほんの少しの労力で、見やすく美しいものが作れます。

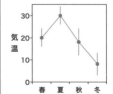

文字和背景的颜色 ■ 不断地运用对比手法，使资料好看又好读。

■避免明度接近的颜色搭配在一起

并不是背景和文字分别使用了完全不同的颜色就容易阅读。右图中的颜色色相虽然大不相同，但是彼此明度相似，导致文字特别晃眼。所以在配色时要让明度有所对比才好，当背景是灰色时也是一样的做法。

　　明度和饱和度都很相似的话，文字就变得更晃眼了。这种现象称为"光晕现象"，一定要避免其产生。

明度にコントラスト	明度にコントラスト	明度にコントラスト
明度にコントラスト	明度にコントラスト	明度にコントラスト
明度にコントラスト	明度にコントラスト	明度にコントラスト
明度にコントラスト	明度にコントラスト	明度にコントラスト
明度にコントラスト	明度にコントラスト	明度にコントラスト

注意明度 ■ 明度的对比度不同，易读性也大不相同。如果不仅仅是明度，连饱和度也很相似的话，就会产生中间那列光晕。

✖ 明度未形成对比

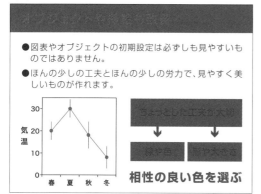

オブジェクトや挿絵も改善

- ●図表やオブジェクトの初期設定は必ずしも見やすいものではありません。
- ●ほんの少しの工夫とほんの少しの労力で、見やすく美しいものが作れます。

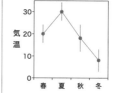

ちょっとした工夫が大切

線や色　形や大きさ

相性の良い色を選ぶ

◯ 形成对比

オブジェクトや挿絵も改善

- ●図表やオブジェクトの初期設定は必ずしも見やすいものではありません。
- ●ほんの少しの工夫とほんの少しの労力で、見やすく美しいものが作れます。

ちょっとした工夫が大切

線や色　形や大きさ

相性の良い色を選ぶ

深色背景使用白色文字 ■ 当背景颜色是深色时，背景上的文字建议使用白色。

✖

オブジェクトや挿絵も改善

- ●図表やオブジェクトの初期設定は必ずしも見やすいものではありません。
- ●ほんの少しの工夫とほんの少しの労力で、見やすく美しいものが作れます。

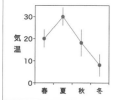

ちょっとした工夫が大切

線や色　形や大きさ

相性の良い色を選ぶ

◯

オブジェクトや挿絵も改善

- ●図表やオブジェクトの初期設定は必ずしも見やすいものではありません。
- ●ほんの少しの工夫とほんの少しの労力で、見やすく美しいものが作れます。

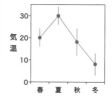

ちょっとした工夫が大切

線や色　形や大きさ

相性の良い色を選ぶ

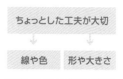

当背景是灰色时 ■ 要根据灰色的深浅慎重选择文字颜色。如果背景是深灰色就使用白色的文字，如果是浅灰色则使用深色的文字。

决定颜色的方法

在理解了颜色的选择方法和搭配方法的基础上，接下来将为大家解说在实际中究竟该如何使用颜色以及使用几种颜色才比较好。

■制定法则，让颜色具有特定的意义

如果在一份资料的某一页里强调的地方用红色，而在另一页里用蓝色，就会使人觉得混乱。如果"雄性"用蓝色、"雌性"用红色标识的话这倒没关系，但是如果其他的意思也用这两个颜色标识的话就更令人混乱了。从这些例子中可以看出，在一份资料中有必要让1种颜色对应1种意义与功能，并根据这个法则进行配色。

■最多使用4种颜色

即使是非常漂亮的颜色，如果使用的种类太多，也会让人难以阅读。但是不怎么使用颜色的话又没有什么魅力，让人觉得幻灯片做得不用心。

在一份演示文稿、文件或海报中，使用的颜色以"背景色""文字颜色""主色""强调色"这4种颜色为宜。如果从易读性的角度考虑的话，一般来说背景使用白色，文字则使用黑色（或者灰色）。也就是说，在制作资料前只要先决定好"主色"和"强调色"就行了。

背景色
印刷资料的背景色一般都是白色，而幻灯片的背景色既有白色也有黑色、蓝色等。

主色
让整体看起来是彩色的。用于标题和小标题中。

文字颜色
用于不重要的或中等重要的单词和段落。

强调色
用于重要的单词和段落。使用醒目的颜色。

主题色 ■ 制作资料前就要决定好！

使用选定的颜色制作资料 ■ 只使用选定的这几种颜色，就能制作出整体稳定感强的资料了。

■遵守法则下的配色类型

只要留心背景色、文字颜色、主色和强调色这4种颜色的使用，就能制作出如图所示具有统一性的各种配色类型。

　主色和强调色可以选择自己喜欢的颜色，以此呈现出自己的配色风格。当然，图片和照片中会出现选定的4色以外的颜色，这是没有问题的。但是如果能按照下一页中说明的那样，以照片上的颜色为基础来选择主色和强调色效果会更好。

■该法则也适用于背景色非白色的情况

当然，该法则也适用于想为背景添加颜色的情况。只要使用的颜色合计为4种，就能制作出统一性强的演示文稿。不过当背景色是深色时，要选择有品位的文字颜色、主色和强调色是比较困难的。而且添加背景色后，有时很难优美地设置图像，因此"可传递的、优美的设计"一般都是使用白色的背景。

暗色的背景 ■ 即使背景色使用的是暗色，也只能使用4种颜色！

■制作得更简洁

主题色（背景色、文字颜色、主色、强调色）由4种颜色构成时颜色绝不算多。但是有时选择的颜色会让人觉得不够简洁、不够统一，而且考虑搭配优美的4种颜色也是很伤脑筋的。这时就可以大胆地将4种主题色中的两种使用同一种颜色，合计使用3种颜色就行了。

3种颜色OK ■ 主色和强调色使用同一种颜色会更简洁。

■从图片和照片中抽出颜色

图片和照片都由多种颜色组成，应从中选择能代表其整体感觉的颜色。因为如果使用的是全新的、与图片和照片完全无关的颜色，就会增加颜色的种类，使颜色变得涣散。

　　因此，要选取图片和照片中出现的主要颜色作为资料的主色或强调色，这样就能轻轻松松地让颜色具有较强的统一性了。

 主色和照片没有关系

 从照片中选取主色

从图像中抽取颜色 ■ 将照片和图片中印象深刻的颜色作为主色或是整体的颜色，不仅会产生统一感，还能避免颜色的增加。例如，在这个例子中照片里较多地使用了绿色和茶色，那么只要充分利用这两种颜色，即使整体上使用了好几种颜色，也不会丧失统一性。

Column ▶ 使用灰色的文字来提高可读性

让屏幕和银幕上的文字便于阅读

如前所述，为了提高文字的易读性，加强背景色和文字颜色的对比是很重要的。但是银幕上的白色背景与黑色文字形成的对比太强烈（或是黑色太扎眼），有时反而使文字难以阅读。

　　在这种情况下，只要使用与背景的对比度略低的"灰色"文字，就可以提高资料的易读性。大多数网站上使用的文字并不是黑色而是灰色，只要将它的明度上调百分之几就正合适了。如果看起来明显是灰色则表示明度太高了，颜色就会偏淡。此外，有的投影仪的功能会使文字的灰色比想象的要浅，所以尝试灰色时也要注意这一点哦。灰色的文字除了能提高资料的易读性，还可以为其"帅气"加分！

✖ 漆黑的文字

⭕ 灰色的文字

文字や文章について

- ●写真のように輪郭のはっきりとした図ならスライドに配置することは比較的簡単です。
- ●グラフや、挿絵、図解は配置に悩みます。
- ●無駄に悩んでもしかたがないので、薄い色の四角で囲むというテクニックを覚えておくと便利です。
- ●文字や箇条書きの配置にも使えます。

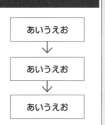

文字や文章について

- ●写真のように輪郭のはっきりとした図ならスライドに配置することは比較的簡単です。
- ●グラフや、挿絵、図解は配置に悩みます。
- ●無駄に悩んでもしかたがないので、薄い色の四角で囲むというテクニックを覚えておくと便利です。
- ●文字や箇条書きの配置にも使えます。

✖

⭕

見やすいスライドを作るには

- ●写真のように輪郭のはっきりとした図なら配置することは比較的簡単ですが、グラフや、挿絵、図解は配置に悩みます。
- ●無駄に悩んでもしかたがないので、四角で囲むというテクニックを覚えておくと便利です。文字の配置にも使えます。
- ●写真のように輪郭のはっきりとした図なら配置することは比較的簡単ですが、グラフや、挿絵、図解は配置に悩みます。
- ●無駄に悩んでもしかたがないので、四角で囲むというテクニックを覚えておくと便利です。文字の配置にも使えます。

情報をデザインすることはとても大切！

見やすいスライドを作るには

- ●写真のように輪郭のはっきりとした図なら配置することは比較的簡単ですが、グラフや、挿絵、図解は配置に悩みます。
- ●無駄に悩んでもしかたがないので、四角で囲むというテクニックを覚えておくと便利です。文字の配置にも使えます。
- ●写真のように輪郭のはっきりとした図なら配置することは比較的簡単ですが、グラフや、挿絵、図解は配置に悩みます。
- ●無駄に悩んでもしかたがないので、四角で囲むというテクニックを覚えておくと便利です。文字の配置にも使えます。

情報をデザインすることはとても大切！

灰色的文字 ■ 只要把黑色文字的明度提高百分之几观看就容易得多了。

色觉无障碍

据统计日本男性20人中就有1人，女性500人中就有1人的色觉是异常的。按此推理，假设有100位观众，那么其中一定有色觉异常者存在。所以，在制作资料时还要考虑到色觉无障碍的问题。

■色觉无障碍的2种方法

利用颜色来强调或显示事物的关系，这是非常有效的方法。但是如果观众不能识别颜色的话，反而会变得难以理解。

　要实现色觉无障碍，大致可以分为以下2种方法。一种是"配色时为色觉异常的人考虑"，另一种是"设计时不仅仅依赖于颜色"。当然能够实现色觉无障碍的方法还有很多，这里不作——说明。更详细的内容，请大家查阅专门的书籍和网站。

正常色觉下的色相环和异常色觉下的色相环 ■ P型色觉的人很难区分冷色与暖色系中的中性色以及暖色与冷色系中的中性色。

■配色时需要注意的事项

色觉异常主要有P型和D型两种类型。如果将颜色系统地分成暖色、冷色、暖色系中的中性色和冷色系中的中性色4种类型，那么无论是哪种类型的色觉异常，都很难区分"冷色与暖色系中的中性色"以及"暖色与冷色系中的中性色"。具体来说，也就是"红和绿""蓝和紫"这样的颜色搭配不适合他们。

　要选出适合他们的颜色搭配，就要注意：①"暖色和冷色"搭配在一起；②"暖色系中的中性色和冷色系中的中性色"搭配在一起；③搭配的颜色之间要有"明度"的对比。

　另外，资料中的强调色要避免使用红色和绿色，可以改用蓝色或橙色。而且除了颜色之外还可以通过改变字体或文字的粗细，更好地实现色觉无障碍。

✕

文字を赤色で強調　　P型色覚　　文字を赤色で強調
文字を緑色で強調　の場合　　　文字を緑色で強調
　　　　　　　　　⟶

〇

文字を橙色で強調　　P型色覚　　文字を橙色で強調
文字を青色で強調　の場合　　　文字を青色で強調
　　　　　　　　　⟶

✕ 难以区分

将相似的色相搭配在一起

将绿色系和红色系搭配在一起

明度未形成对比

正常色觉　　　P型色觉

〇 容易区分

将暖色和冷色搭配在一起

将暖色系和冷色系的中性色搭配在一起

形成明度的对比

正常色觉　　　P型色觉

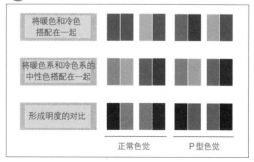

适合的颜色搭配 ■ 如果能考虑到颜色搭配的情况，就能配出适合大众的通用颜色了。

■图表制作中需要注意的事项

虽然图表制作需要使用颜色，但不能只依靠颜色来区分各项目，否则难以实现色觉无障碍。在右图的错例中，色觉异常的人是无法将折线图和柱状图的图与图例——对应起来的。这时可以不使用图例，改为在折线的旁边写上名称，或是改变折线节点标记的涂法(如●和○)，这样就不用依赖颜色也能较好地理解图表的内容了。除此之外，改变折线节点标记的形状(如○△□等)，或是使用不同的折线线条(如虚线和粗线)，也能将图表项目区分开来。

而柱状图可以通过改变背景的填充方式加以区分。这样一来即使是难以区分的颜色，也可以根据填充方式的不同将二者区分开来。之前已经论述过配色时要注意色觉无障碍，加上这里不依赖颜色的各种方法，使设计显得更加贴心。

✗ 仅依靠颜色区分 ○ 无障碍化

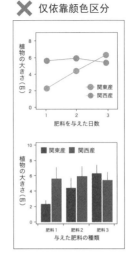 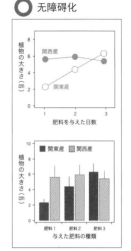

图表上的设计 ■ 不仅仅是颜色，还可以想方设法利用别的方法加以区分。

Technic ▶ 颜色搭配的评价方法

色觉模拟

利用Illustrator的[校正设置]功能，能够模拟色觉异常的人看到的结果。或许这不一定十分准确，但它却是十分有用的功能。另外，在PowerPoint中虽然无法确认色相搭配的好与坏，但是可以通过[黑白灰色条]确认所搭配颜色的明度对比是否充分。如前所述，只要颜色之间存在明度的对比，那么无论什么样的颜色搭配在一起，都能轻易被识别出来。

此外，无论是什么资料，如果将其作为图像进行保存，都可以在网页上确认色觉异常的人所看到的结果。可以参考：httP://www.vischeck.com/vischeck/

Illustrator

PowerPoint

第4章 要点回顾

1 根据5项法则进行排版

- ☐ 在页面的上下左右以及各要素的内侧留出足够的空白。
- ☐ 所有的要素都要按照参考线对齐设置。
- ☐ 关联性强的内容要聚拢。
- ☐ 根据内容和优先顺序，增强文字大小和颜色的对比。
- ☐ 所有的页面反复使用相同的法则。

2 排版时不要妨碍视线的移动

- ☐ 按照易读性和一定的顺序对各要素进行设置。
- ☐ 不要过度使用边框（边框的数量会不会太多了）
- ☐ 照片和图片不要变形。

3 要注意配色

- ☐ 避免使用原色（MS Office 的标准色）。
- ☐ 除了背景色和文字颜色外，其他的颜色限定在两种以内。
- ☐ 注意颜色的搭配。

5 实践

本章将列举演示文稿、商务文书、传单、宣传海报等实例，运用已经介绍过的法则及技巧，以Before-After的形式进行回顾。另外，不要错过前面还未介绍的技巧！

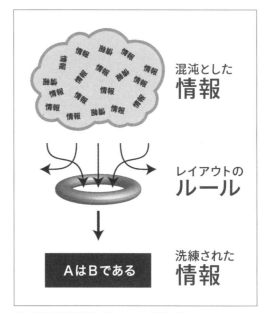

遵守法则

5-0

至此，已经为大家介绍了用于制作幻灯片、海报、概要、分发资料的法则和技巧。在实践篇中，请大家边看具体的例子边感受遵守法则的重要性。

■不能遵守法则的原因

与资料制作相关的各种法则都已经介绍过了，但是我们有时候会因为字数或是信息量的不同而很难遵守法则。不过，千万不要轻易地打破法则。很多时候不能按法则排版恰恰是信息量太大，或内容不够精炼的体现。

■法则是打造优秀资料的"制约"

如果不遵守排版的法则，资料往往会因为信息量过多而显得没有秩序。法则可以理解成阻止混乱、使之排列有序的一种"制约"，所以不要轻易地打破。当版面容纳不下内容时，可以通过改变图表的数量或大小、减少字数或是增加页数来遵守排版的法则，这是很重要的。在有所取舍地选择信息，或是将不太重要的文字缩小来调整排版的过程中，自然而然就变成一种"传递信息的设计"了。

遵守法则 ■ 根据法则整理内容，使内容更加精炼。

■一定有解决的方法

或许大家会觉得将内容按照一定的法则集中到有限的空间里是有难度的，但这一定有好几种解决方法。在本章中将展示每个例子的多种改良方案，让大家真真切切地感受到在遵守法则的条件下也能打造出有创意的资料来。

这几点一定
要注意哦！！

没有留白
资料或幻灯片的上下左右都要留有足够的空白。
不要让图片和文字靠得太近。

没有对齐
将所有的要素（文字、图片等）对齐设置是最基本的法则。
要以参考线为准进行排版。

字体不够美观
演示文稿中请使用 Meiryo、Yu Gothic、Hiragino Kaku Gothic 等字体。
英文和数字则使用西文字体。

行间距太窄
行间距是文字大小的 1.5 倍比较合适。
行间距太窄会造成阅读困难。

文字没有对比
要根据重要性来更改文字的粗细、大小和颜色。
文字之间没有形成对比的话，资料看起来会很费劲。

■特别需要注意的5个方面

利用 Office 软件制作资料时容易产生 "留白不足" "没有对齐" "字体不够优美" "行间距太窄" "文字没有对比" 这5种问题。究其原因，就在于 Office 的默认设置并不是最适合的设置。无论制作什么类型的资料，都要十分注意这5个方面。

尤其是在设置空白或将同一类要素对齐时，设想一个参考线是十分有效的方法。如图所示，所有的要素都以设想的参考线（红色虚线）为准对齐设置，这样就能制作出漂亮的资料来。

■来吧，实践起来！！

接下来，将以 Before-After 的形式向大家介绍各种类型的资料。首先请大家观看幻灯片的实例。因为每页幻灯片的内容都不会太多，所以它最适合用来学习资料制作的法则。学会制作幻灯片后，就能比较容易地制作其他信息量较大的资料了。

先请大家观看 Before 的例子并思考其存在的问题，然后看看引线和 After 的例子，实际感受一下遵守法则下产生的设计效果。

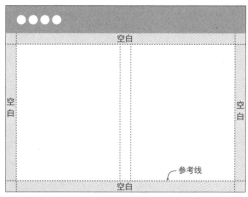

设置参考线 ■ 在制作资料时，需要设置上下左右的边距并设想一个参考线（红色虚线）。图片、文字等所有的要素都要以参考线为准对齐设置。当然，文字和图片不要超出边距的位置。

演示文稿

演示文稿是最具有代表性的"展示资料"，很重视美观性、视认性和易读性。让我们一起来打造效果非凡、引人注目的资料吧。

封面

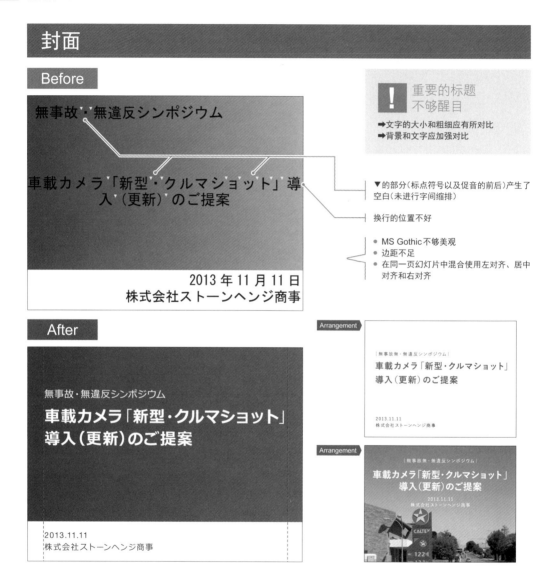

Before

无事故・无违反シンポジウム

重要的标题
不够醒目

➡文字的大小和粗细应有所对比
➡背景和文字应加强对比

车载カメラ「新型・クルマショット」導入（更新）のご提案

▼的部分（标点符号以及促音的前后）产生了空白（未进行字间缩排）

换行的位置不好

● MS Gothic 不够美观
● 边距不足
● 在同一页幻灯片中混合使用左对齐、居中对齐和右对齐

2013 年 11 月 11 日
株式会社ストーンヘンジ商事

After

无事故・无违反シンポジウム

车载カメラ「新型・クルマショット」導入（更新）のご提案

2013.11.11
株式会社ストーンヘンジ商事

Arrangement

无事故無・无違反シンポジウム

车载カメラ「新型・クルマショット」
導入（更新）のご提案

2013.11.11
株式会社ストーンヘンジ商事

Arrangement

无事故無・无違反シンポジウム

车载カメラ「新型・クルマショット」
導入（更新）のご提案
2013.11.11
株式会社ストーンヘンジ商事

写在封面上的标题是演示文稿的"门面"。首先要增强文字的大小和粗细的对比，使标题更加醒目。其次，千万不要在奇怪的位置换行。像标题这样的大号文字，通过调整它的字间距（kerning）能大幅度提高文字的易读性和美观性。此外，当背景使用渐变色时，要减少文字颜色的种类以突出背景和文字之间的对比，从而提高文字的易读性。当背景是一幅照片时，请使用蓝天等单色面积较大的照片。因为封面上的内容不多，使用居中对齐也是可以的。

使用字体 标题：Meiryo〔右例是 Yu Gothic〕 / 标题之外：Meiryo〔右例是 Yu Gothic〕

条目

Before

カメラの性能｜信頼の記録モード

常時ループ録画
・エンジンスタートで録画開始して、エンジンストップで録画終了
衝撃感知録画
・3軸Gセンサー作動時の映像は自動ロックして、別フォルダに保存
クイック録画（オプション）
・手動録画ボタンで任意に録画オンオフ可能
駐車録画（オプション）
・外部電源接続により，駐車中も録画可能

いずれの機能にも世界最先端の技術を使用！

条目的结构
不易理解
➡使小标题醒目
➡将每个部分聚拢起来

换行的位置不好

不要使用原色（色彩饱和度太高的红色、绿色和黄色）

- 行间距、字间距太窄（默认设置状态下）
- 边距不足

After

カメラの性能｜信頼の記録モード

常時ループ録画
エンジンのスタートを感知して録画開始して、
エンジンのストップにより録画終了

衝撃感知録画
3軸Gセンサー作動の際の映像は自動ロックして、
別フォルダに保存

クイック録画（オプション）
手動録画ボタンで任意に録画オンオフ可能

駐車録画（オプション）
外部電源接続により，駐車中も録画可能

いずれの機能にも世界最先端の技術を使用！

Arrangement

カメラの性能｜信頼の記録モード

常時ループ録画
エンジンのスタートを感知して録画開始して、
エンジンのストップにより録画終了
衝撃感知録画
3軸Gセンサー作動の際の映像は自動ロックして、
別フォルダに保存
クイック録画（オプション）
手動録画ボタンで任意に録画オンオフ可能
駐車録画（オプション）
外部電源接続により，駐車中も録画可能
いずれの機能にも世界最先端の技術を使用！

Arrangement

カメラの性能｜信頼の記録モード

常時ループ録画	衝撃感知録画
エンジンスタートで録画を開始して、エンジンストップで録画終了	3軸Gセンサー作動時の映像は自動ロックし、別フォルダに保存
クイック録画（オプション）	**駐車録画（オプション）**
手動録画ボタンで任意に録画オンオフ可能	外部電源接続により，駐車中も録画可能

いずれの機能にも世界最先端の技術を使用！

可以利用聚拢和文字的对比来制作直观上容易把握结构的、容易阅读的条目。例子中单纯的条目列举不需要使用间隔号（，）等句首的标点符号。字数较多时，只要留出足够的行间距，即使将文字写小些也很容易阅读。尤其是像Meiryo这种面宽较大的字体（左例），如果将其字间距扩大一些就不会感到拥挤，该幻灯片就会变得既好看又好读了。

配色方面要避免使用与原色相近的颜色，可以改用色调稍微黯淡一些的颜色。如果能与标题部分的颜色统一，那么该幻灯片就会显得比较稳重。另外为了防止幻灯片显得黑压压的一片，推荐大家使用灰色。

使用字体 标题：Meiryo / 小标题：Meiryo / 正文：Meiryo

流程图

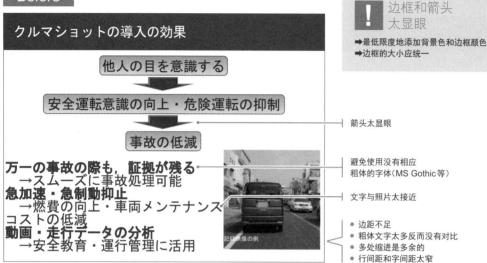

Before

クルマショットの導入の効果

他人の目を意識する

安全運転意識の向上・危険運転の抑制

事故の低減

万一の事故の際も，証拠が残る
→スムーズに事故処理可能
急加速・急制動抑止
→燃費の向上・車両メンテナンス
コストの低減
動画・走行データの分析
→安全教育・運行管理に活用

記録映像の例

> ! 边框和箭头
> 太显眼
> ➡最低限度地添加背景色和边框颜色
> ➡边框的大小应统一

箭头太显眼

避免使用没有相应
粗体的字体（MS Gothic等）

文字与照片太接近

● 边距不足
● 粗体文字太多反而没有对比
● 多处缩进是多余的
● 行间距和字间距太窄

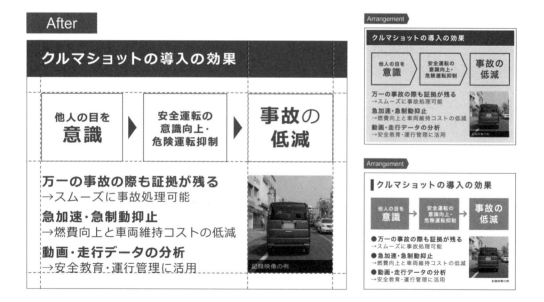

After

クルマショットの導入の効果

他人の目を
意識 ▶ 安全運転の
意識向上・
危険運転抑制 ▶ **事故の
低減**

万一の事故の際も証拠が残る
→スムーズに事故処理可能

急加速・急制動抑止
→燃費向上と車両維持コストの低減

動画・走行データの分析
→安全教育・運行管理に活用

記録映像の例

Arrangement

クルマショットの導入の効果

他人の目を
意識 安全運転の
意識向上・
危険運転抑制 **事故の
低減**

万一の事故の際も証拠が残る
→スムーズに事故処理可能
急加速・急制動抑止
→燃費向上と車両維持コストの低減
動画・走行データの分析
→安全教育・運行管理に活用

記録映像の例

Arrangement

クルマショットの導入の効果

他人の目を
意識 安全運転の
意識向上・
危険運転抑制 **事故の
低減**

● 万一の事故の際も証拠が残る
→スムーズに事故処理可能
● 急加速・急制動抑止
→燃費向上と車両維持コストの低減
● 動画・走行データの分析
→安全教育・運行管理に活用

記録映像の例

经常看到人们为了突出流程图，把它制作得过于显眼，导致真正想传达的"内容"反而传达不到位。边框和箭头只是辅助的要素，所以要尽可能制作得简洁一些。另外，居中对齐会使左右两端显得不整齐。因此，使用边框时注意上下左右都要漂亮地对整齐。

　　幻灯片资料中可以有效地区分使用粗体和细体。但是不要使用没有相应粗体的**MS Gothic**字体，推荐大家使用有粗体版本的**Meiryo**或**Hiragino Kaku Gothic**等字体。另外，仍然要设定参考线并留出足够的边距。照片不能原封不动地放入资料，而要裁剪成合适的形状后再加以使用。

使用字体 标题：Meiryo / 标题：Meiryo / 标题：Meiryo

Before

ほっこりタクシー株式会社様の事例

昨年12月に．カメラ57台とシステムを納入

事故件数
昨年度上半期　　　28件
今年度上半期　　　8件

全車両平均燃費
昨年度上半期　　　10.5km/L
今年度上半期　　　12.7km/L

さらに…
ほっこりタクシーご担当者様の声
「ランキング機能で．エコ運転・安全運転へのモチベーションが高まった」
「お客様との会話も録音されるので丁寧な応対を意識するようになった」

！ 每一处都很显眼
➡ 最低限度地使用颜色和文字等装饰
➡ 使用非个性的字体

— 给文字添加轮廓后难以阅读

— 照片变形了

— 换行的位置不好

- 多处缩进是多余的，左侧没有对齐
- 未留边距，显得拥挤
- 英文和数字使用了日文字体
- 粗体文字太多
- 文字和照片的位置没有对齐

After

ほっこりタクシー株式会社様の事例

昨年12月にカメラ57台とシステムを納入
事故件数

昨年度上半期　　　**28** 件
今年度上半期　　　**8** 件

全車両平均燃費
昨年度上半期　　　**10.5** km/L
今年度上半期　　　**12.7** km/L

さらに…　ほっこりタクシーご担当者様の声
「ランキング機能でエコ運転・安全運転へのモチベーションが高まった」
「お客様との会話も録音されるので丁寧な応対を意識するようになった」

Arrangement

ほっこりタクシー株式会社様の事例

昨年12月にカメラ57台とシステムを納入

	交通事故	全車両平均燃費
昨年度上半期	**28** 件	**10.5** km/L
今年度上半期	**8** 件	**12.7** km/L

さらに…　ほっこりタクシーご担当者様の声
- 「ランキング機能で，エコ運転・安全運転へのモチベーションが高まった」
- 「お客様との会話も録音されるので，丁寧な応対を意識するようになった」

Arrangement

ほっこりタクシー株式会社様の事例

昨年12月に**カメラ57台**と**システム**を納入

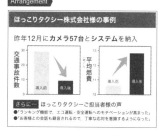

交通事故件数　平均燃費

さらに…　ほっこりタクシーご担当者様の声
- 「ランキング機能で，エコ運転・安全運転へのモチベーションが高まった」
- 「お客様との会話も録音されるので，丁寧な応対を意識するようになった」

当一页幻灯片中的信息量较大时，要尽量减少装饰以制作得简洁些，并且一定要坚持对齐原则(左对齐)。注意对文字装饰过度是制作资料的禁忌。不要使用POP字体或过多的颜色种类，可以通过增强文字大小和粗细的对比来明确需要强调的地方。

需要展示数值和数据时，以表格和图表的方式来强调数值，能让人更直观地理解它们。列举数字时，不要忘了对齐数字的位数哦(蓝色的虚线)！

使用字体　标题：Meiryo（修改后是Hiragino Kaku Gothic）/ 小标题：Meiryo（修改后是Hiragino Kaku Gothic）/ 正文：Meiryo（修改后是Hiragino Kaku Gothic）/ 英文和数字：Helvetica Neue

图片和图表

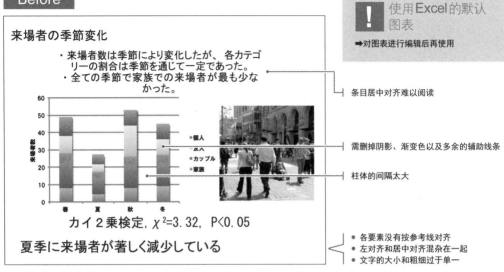

Before

使用Excel的默认
图表

➡ 对图表进行编辑后再使用

条目居中对齐难以阅读

需删掉阴影、渐变色以及多余的辅助线条

柱体的间隔太大

- 各要素没有按参考线对齐
- 左对齐和居中对齐混杂在一起
- 文字的大小和粗细过于单一

After

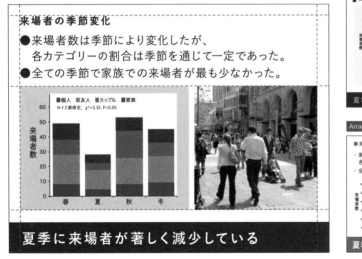

Arrangement

Arrangement

不要使用Excel的默认图表，要删掉多余的线条和渐变色，横轴纵轴的标签要容易辨认。图表柱体的间隔太大时，可以更改【分类间距】的数值来解决。

关于整体的排版，要注意按照参考线向左对齐，排版应简洁。将图表框起来并添加背景色，会比较容易对齐。如果每项条目的起始位置使用了．或●符号，要记得第二行开始就缩进！

文字的大小应根据其重要性进行调整。不是那么重要的信息就大胆地缩小，使资料整体阅读起来更方便。

使用字体 标题：Yu Gothic（右图Hiragino Kaku Gothic）/ 正文：Yu Gothic（右图Hiragino Kaku Gothic）

图片和照片

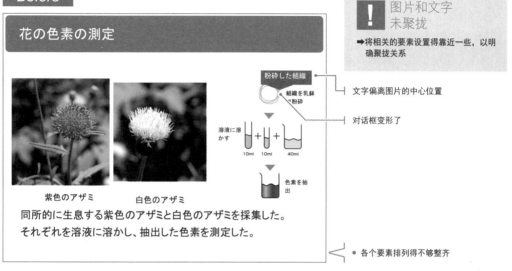

Before

花の色素の測定

紫色のアザミ　白色のアザミ

同所的に生息する紫色のアザミと白色のアザミを採集した。
それぞれを溶液に溶かし、抽出した色素を測定した。

粉砕した組織
組織を乳鉢で粉砕
溶液に溶かす
10ml　10ml　40ml
色素を抽出

! 图片和文字
未聚拢

➡将相关的要素设置得靠近一些，以明确聚拢关系

├ 文字偏离图片的中心位置

├ 对话框变形了

• 各个要素排列得不够整齐

After

花の色素の測定

粉砕した組織
組織を乳鉢で粉砕
溶液に溶かす
10ml　10ml　40ml
色素を抽出

紫色のアザミ　白色のアザミ

同所的に生息する紫色のアザミと白色のアザミを採集した。
それぞれを溶液に溶かし、抽出した色素を測定した。

Arrangement

花の色素の測定

紫色のアザミ　白色のアザミ

粉砕した組織
組織を乳鉢で粉砕
溶液に溶かす
10ml　10ml　40ml
色素を抽出

同所的に生息する紫色のアザミと白色のアザミを採集した。それぞれを溶液に溶かし、抽出した色素を測定した。

Arrangement

花の色素の測定

同所的に生息する紫色のアザミと白色のアザミを採集した。

紫色のアザミ　白色のアザミ

粉砕した組織
組織を乳鉢で粉砕
10ml 10ml 40ml
溶液に溶かす
色素を抽出

それぞれを溶液に溶かし、抽出した色素を測定した。

在资料中放入图片或照片时，要将它们与相关的要素聚拢在一起，这样就可以让读者一眼把握整体的面貌。不仅是照片、图片要和它们的标题靠近设置，甚至相关的文字说明在排版时也要让人明白其整体性。

图片的轮廓不明确时，使用矩形框能收到显著的效果。使用边框时，颜色方面要注意只添加背景色或边框颜色的其中一项。而且，变形的对话框在修改后形象提升了不少。图形和文字部分要使用不同的对象框，以便将文字设置在图形框的中央位置。

只要排版时注意按参考线对齐设置，就能打造出图中修改后的各种版式。

使用字体 标题：Hiragino Kaku Gothic / 正文：Hiragino Kaku Gothic

计划书和大尺寸的展示资料

计划书和大尺寸的资料必然包含一定程度的信息，可以通过对齐和聚拢来加以整理。它们不仅仅是一份阅读资料，也是一份展示资料，所以使用视认性高的字体或通过增强对比来吸引读者，都能收到很好的效果。

计划书

Before

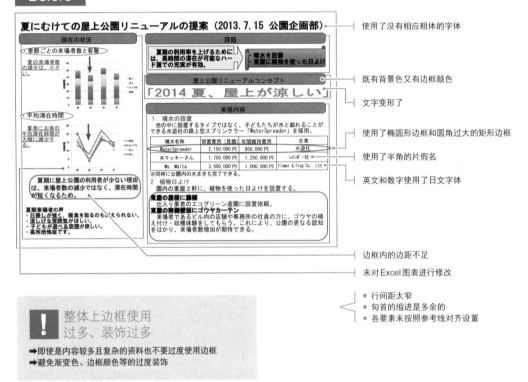

使用了没有相应粗体的字体

既有背景色又有边框颜色

文字变形了

使用了椭圆形边框和圆角过大的矩形边框

使用了半角的片假名

英文和数字使用了日文字体

边框内的边距不足

未对Excel图表进行修改

- 行间距太窄
- 句首的缩进是多余的
- 各要素未按照参考线对齐设置

！ 整体上边框使用过多、装饰过多

➡即使是内容较多且复杂的资料也不要过度使用边框
➡避免渐变色、边框颜色等的过度装饰

商务用的计划书，必然包括现状、概念、具体的方案内容等大量信息。这里以PowerPoint制作的一页幻灯片(或一页A4纸)的普通计划书为例进行说明。

　为了明确多个部分的关系，将其用边框框起来的效果是很不错的。但是随意使用线条将每个部分、小标题和强调之处都框起来的话，反而会因为边框太多显得繁杂。因此，过度使用边框是绝对不可取的。想用边框明确每个部分的内容时，可以只使用背景框(如**After**的第一个例子中背景是白色的)，不要使用边框线，这样能给人清爽的感觉。图表、表格和希望强调的文字等要素与其用线条框起来，不如使用背景边框的效果好。在**After**的第二个例子中，通过聚拢、对齐和留白使结构一目了然，根本没必要再使用边框，而且设计还更简洁。

　信息量较大的资料，如果过度使用粗体字体会让人产生压迫感。所以除了标题和希望强调的部分，其他的内容基本上都是使用细体字体。另外这个例子中的各个段落都比较简短，句首就不需要再缩进了。

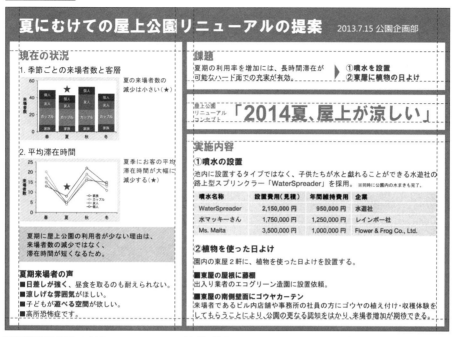

After

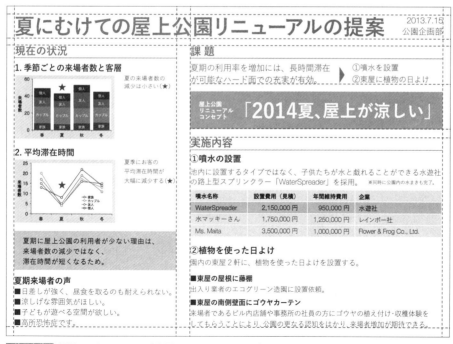

■使用字体■ 標題：HGSSoeiKakugothicUB ／ 小標題＆強調：HGSSoeiKakugothicUB ／ 正文：MS Gothic ／ 英文和数字：Arial

■使用字体■ 標題：Yu Gothic Bold ／ 小標題：Yu Gothic Bold ／ 正文：Yu Gothic Light ／ 英文和数字：Helvetica Neue

展示海报1

Before

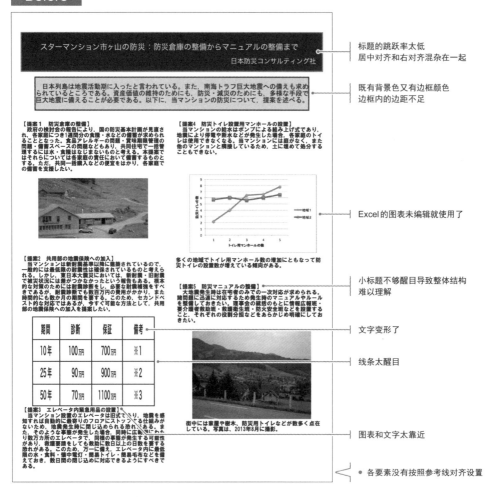

标题的跳跃率太低
居中对齐和右对齐混杂在一起

既有背景色又有边框颜色
边框内的边距不足

Excel的图表未编辑就使用了

小标题不够醒目导致整体结构
难以理解

文字变形了

线条太醒目

图表和文字太靠近

• 各要素没有按照参考线对齐设置

 字体类型选得不好、行间距设置
得不好，降低了可读性

➡在长篇文章中应使用细体字体
➡扩大行间距

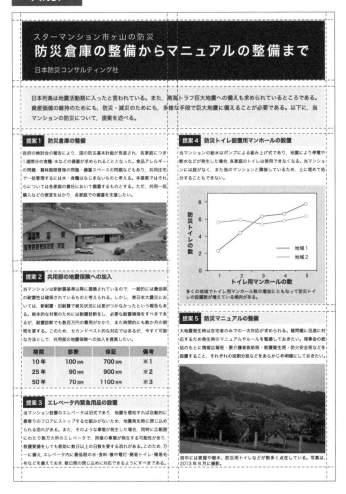

After

スターマンション市ヶ山の防災
防災倉庫の整備からマニュアルの整備まで
日本防災コンサルティング社

日本列島は地震活動期に入ったと言われている。また、南海トラフ巨大地震への備えも求められているところである。資産価値の維持のためにも、防災・減災のためにも、多様な手段で巨大地震に備えることが必要である。以下に、当マンションの防災について、提案を述べる。

提案1 防災倉庫の整備

政府の検討会の報告により、国の防災基本計画が見直され、各家庭につき1週間分の食糧・水などの備蓄が求められることとなった。食品アレルギーの問題、賞味期限管理の問題・備蓄スペースの問題などもあり、共同住宅で一括管理するには水・食糧はなじまないものと考える。本提案ではそれらについては各家庭の責任において備蓄するものとする。ただ、共同一括購入などの便宜をはかり、各家庭での備蓄を支援したい。

提案2 共用部の地震保険への加入

当マンションは新耐震基準以上に建築されているので、一般的には最低限の耐震性は確保されているものと考えられる。しかし、東日本大震災においては、新耐震・旧耐震で被災状況には差がつかなかったという報告もある。根本的な対策のためには耐震診断をし、必要な耐震補強をすべきであるが、耐震診断でも数百万円の費用がかかり、また時間的にも数か月の期間を要する。このため、セカンドベストな対応ではあるが、今すぐ可能な方法として、共用部の地震保険の加入を提案したい。

期間	診断	保証	備考
10 年	100 万円	700 万円	※1
25 年	90 万円	900 万円	※2
50 年	70 万円	1100 万円	※3

提案3 エレベータ内緊急用品の設置

当マンション設置のエレベータは旧式であり、地震を感知すれば自動的に最寄りのフロアにストップする仕組みがないため、地震発生時に閉じ込められる恐れがある。また、そのような事態が発生した場合、同時に広範囲にわたり数万所のエレベータで、同様の事態が発生する可能性があり、救護要請しても救助に数日以上の日数を要する恐れがある。このため、万一に備え、エレベータ内に最低限の水・食料・懐中電灯・簡易トイレ・簡毛布などを備えておき、数日間の閉じ込めに対応できるようにすべきである。

提案4 防災トイレ設置用マンホールの設置

当マンションの給水はポンプによる組み上げ式であり、地震により停電や断水などが発生した場合、各家庭のトイレは使用できなくなる。当マンションには庭がなく、また他のマンションと隣接しているため、土に埋めて処分することもできない。

多くの地域でトイレ用マンホール数の増加にともなって防災トイレの設置数が増えている傾向がある。

提案5 防災マニュアルの整備

大地震発生時は在宅者のみでの一次対応が求められる。難問題に迅速に対応するため発生時のマニュアルやルールを整備しておきたい。理事会の統括のもとに情報広報班・要介護者救助班・救護衛生班・防火安全班などを設置すること、それぞれの役割分担などをあらかじめ明確にしておきたい。

街中には家屋や樹木、防災用トイレなどが数多く点在している。写真は、2013 年 8 月に撮影。

在各种研讨会和展览会上，有时会使用AO规格的大型展板或海报。以上例子中的文字说明较多，如果正文使用粗体文字，页面就会显得黑压压的一片，从而降低它的可读性。所以，正文还是使用明朝体或细体哥特体吧。行间距太窄也是导致阅读困难的原因之一，所以即使需要缩小文字也应留出足够的行间距，这是非常重要的。

醒目的小标题能使结构明确，有助于把握内容。反复使用相同的设计，能让资料产生很强的统一性。排版时，请注意以上几点并按照参考线对齐设置。当然，数据是资料的命脉，所以也不能忘了对图表进行编辑。如果能提高标题的跳跃率，标题也能成为一个醒目标识。

使用字体 标题：Hiragino W6 / 小标题：Hiragino W6 / 正文：Hiragino W3

展示海报2

Before

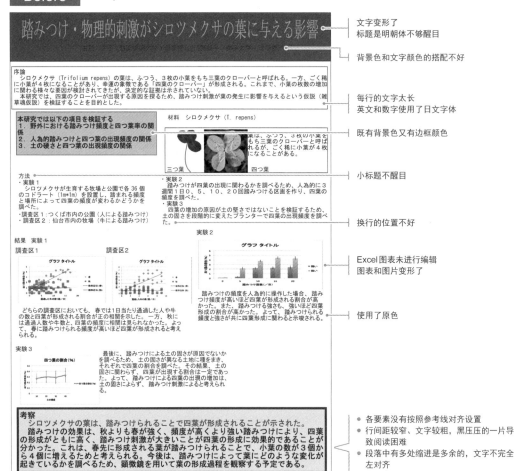

文字变形了
标题是明朝体不够醒目

背景色和文字颜色的搭配不好

每行的文字太长
英文和数字使用了日文字体

既有背景色又有边框颜色

小标题不醒目

换行的位置不好

Excel图表未进行编辑
图表和图片变形了

使用了原色

- 各要素没有按照参考线对齐设置
- 行间距较窄、文字较粗，黑压压的一片导致阅读困难
- 段落中有多处缩进是多余的，文字不完全左对齐
- 颜色种类太多

 阅读顺序不明朗，令人感到混乱

➡将各个部分按照Z型或反向的N型进行排列，以明确阅读顺序
➡通过聚拢明确各要素之间的关系

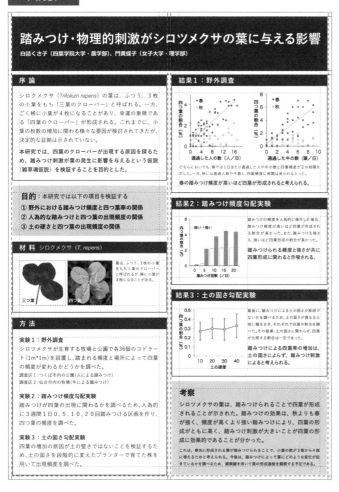

踏みつけ・物理的刺激がシロツメクサの葉に与える影響

白詰くさ子（四葉学院大学・農学部）、門黄蝶子（女子大学・理学部）

序論

シロクメクサ (*Trifolium repens*) の葉は、ふつう、3枚の小葉をもち「三葉のクローバー」と呼ばれる。一方、ごく稀に小葉が4枚になることがあり、幸運の象徴である「四葉のクローバー」が形成される。これまでに、小葉の枚数の増加に関わる様々な要因が検討されてきたが、決定的な証拠は示されていない。

本研究では、四葉のクローバーが出現する原因を探るため、踏みつけ刺激が葉の発生に影響を与えるという仮説（雑草魂仮説）を検証することを目的とした。

目的：本研究では以下の項目を検証する
① 野外における踏みつけ頻度と四つ葉率の関係
② 人為的な踏みつけと四つ葉の出現頻度の関係
③ 土の硬さと四つ葉の出現頻度の関係

材料 シロクメクサ (*T. repens*)

葉は、ふつう、3枚の小葉をもち三葉のクローバーと呼ばれるが、稀に小葉が4枚になることがある。

三つ葉　　四つ葉

方法

実験1：野外調査
シロツメクサが生育する牧場と公園で各36個のコドラート(1m*1m)を設置し、踏まれる頻度と場所によって四葉の頻度が変わるかどうかを調べた。
調査区1：つくば市内の公園（人による踏みつけ）
調査区2：仙台市内の牧場（牛による踏みつけ）

実験2：踏みつけ頻度勾配実験
踏みつけが四葉の出現に関わるかを調べるため、人為的に3週間1日0、5、10、20回踏みつける区画を作り、四つ葉の頻度を調べた。

実験3：土の固さ勾配実験
四葉の増加の原因が土の堅さではないことを検証するため、土の固さを段階的に変えたプランターで育てた株を用いて出現頻度を調べた。

結果1：野外調査

どちらにおいても、春では1日当たり通過した人や牛の数と四葉頻度が正の相関を示した。一方、秋では通過人数や牛数と、四葉頻度に相関は見られなかった。
春の踏みつけ頻度が高いほど四葉が形成されると考えられる。

結果2：踏みつけ頻度勾配実験

踏みつけの頻度を人為的に操作した場合、踏みつけ頻度が高いほど四葉が形成される割合が高かった。また、踏みつける強さも、強いほど四葉形成の割合が高かった。
踏みつけられる頻度と強さが共に四葉形成に関わると示唆される。

結果3：土の固さ勾配実験

過度に、踏みつけによる土の固さが四葉が出ないかを調べるため、土の固さが異なる土地に種をまき、それぞれで四葉の割合を調べた。その結果、土の固さに関わらず、四葉が出現する割合は一定であった。
踏みつけによる四葉率の増加は、土の固さによらず、踏みつけ刺激によると考えられる。

考察

シロツメクサの葉は、踏みつけられることで四葉が形成されることが示された。踏みつけの効果は、秋よりも春が強く、頻度が高くより強い踏みつけにより、四葉の形成がともに高く、踏みつけ刺激が大きいことが四葉の形成に効果的であることが分かった。

これは、春に形成される葉が踏みつけられることで、小葉の数が3個から4個に増えるためと考えられる。今後は、踏みつけによって葉にどのような変化が起きているかを調べるため、顕微鏡を用いて葉の形成過程を観察する予定である。

使用大张海报来展示内容的情况并不少见。这些资料包含的部分和要素(图表、照片、表格等)较多，为了使整体的结构容易把握，有序地进行排版是很重要的。

在Before的例子中内容无序排列，不仅难以阅读，甚至连阅读的顺序都搞不清楚。要将大量的内容有序地进行排版，最基本的做法就是将每个部分都框起来。注意使用边框后，要在边框内留出足够的边距。而且如果对目的和考察部分的背景颜色进行修改，能让强调的部分变得更加醒目。这样读者就不会弄错阅读顺序，也不会感到混乱不清了(例子中是反向N型的阅读顺序)。

另外，还可以扩大标题以便吸引尽可能多的人前来观看。

使用字体 标题：Yu Gothic Bold ／ 小标题：Yu Gothic Bold ／ 正文：Yu Gothic

Z型 　　　　　　　　　　　　　　　　　　　反向N型（И型）

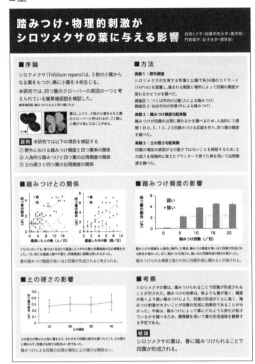

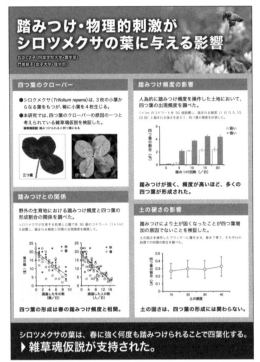

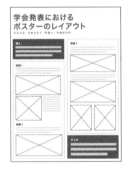

排版和设计的方案当然不是唯一的。既可以将标题的边框扩大，把标题文字写成两行并扩大字号，更好地发挥其作为醒目标识的功能；也可以不使用边框，利用留白将每个部分聚拢在一起，以明确结构，整体上也令人感觉很清爽。当然，还要明确是按照Z型还是反向N型的顺序进行排版，这点也是很重要的。那么，大家在遵守基本法则的基础上动手试试自己喜欢的设计吧。

Column ▶ 在背景中插入照片时要慎重

优先考虑对比性

注意，应尽量避免将照片作为文字的背景。因为背景图片的颜色越复杂，背景和文字颜色的对比越不明显，文字就越不容易辨认。这样一来，好不容易制作的资料就浪费了。因此当背景使用照片时为了确保文字的易读性，需要一些设计（如使用描边字体、为文字添加阴影、背景使用渐变色等）和技巧。所以，背景能不使用照片是最好的。当然，像蓝天这种颜色比较单一的照片是可以用作文字背景的。

照片和背景 ■ 照片中包含了各种各样的复杂颜色，所以写在照片上的文字很难识别。

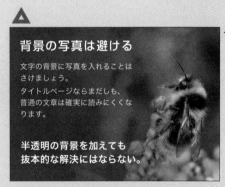

虽然可以解决…… ■ 使用描边字体、为文字添加阴影和光晕等能在一定程度上减轻文字的难识别性。另外，背景使用渐变色（这里采用从黑到透明的渐变色）等也可以使背景和文字共存。但是无论使用哪种方法都比较麻烦，而且文字还不一定就容易识别。

以文章为主的资料

单纯以文章为主的资料也不要马虎大意哦。要利用聚拢和对比，使人一眼就能把握资料的内容和结构。花点工夫就能产生飞跃性的效果，使资料变得容易阅读哦。

文件

Before

提案書　スターマンション市ヶ山の防災について
スターマンション市ヶ山　理事長　市ヶ谷真

日本列島は地震活動期に入ったと言われている。また，南海トラフ巨大地震への備えも求められているところである。資産価値の維持のためにも，防災・減災のためにも，多様な手段で巨大地震に備えることが必要である。以下に，当マンションの防災について，提案を述べる。

【提案 1　防災倉庫の整備】

政府の検討会の報告により，国の防災基本計画が見直され，各家庭につき 1 週間分の食糧・水などの備蓄が求められることとなった。食品アレルギー（food allergies）の問題・賞味期限管理の問題などもあり，共同住宅で一括管理するには水・食糧はなじまないものと考える。本提案ではそれについては各家庭の責任において備蓄するものとする。ただ，共同一括購入などの便宜をはかり，各家庭での備蓄を支援したい。

共同住宅（apartment building）で備蓄すべきなのは，非常時に共同で使用でき，かつ使用期限が比較的長いものが考えられる。すなわち，救出用のバールやのこぎり・ロープ・ハンマー・スコップ・ジャッキ・担架・カラーコーン（Super Security 社）など，広報用のハンドマイク・ホワイトボードなどがそれである。なお広報用の用具は 1 階に配置するものとするが，救出用の用具については，当マンション（Ster Mansion）は 14 階建てであるので，エレベータの停止などの事態も考慮し，1 階に加え，中間層の 5 階・10 階の 3 か所に設置するのが望ましい。

【提案 2　共用部の地震保険への加入】

当マンションは新耐震基準以降に建築されているので，一般的には最低限の耐震性は確保されているものと考えられる。しかし，東日本大震災においては，新耐震・旧耐震で被災状況には差がつかなかったという報告もある。

根本的な対策のためには耐震診断をし，必要な耐震補強をすべきであるが，耐震診断でも数百万円の費用がかかり，また時間的にも数か月の期間を要する。このため，セカンドベスト的な対応ではあるが，今すぐ可能な方法として，共用部の地震保険への加入を提案したい。地震保険は保険料も割高で，かつ火災保険の半額までが支払の上限金額となっており，保険だけで再建設費用をまかなうことはできない。しかし，地震による火災は，火災保険では補償されない。また，被災時の公的支援制度は，現在のところ被災者生活再建支援制度のみとなっているため，地震保険が多少なりとも支給されれば，被災時の生活の再建の足しにすることが可能となる。

【提案 3　エレベータ内緊急用品の設置】

当マンション設置のエレベータは旧式であり，地震を感知すれば自動的に最寄りのフロアにストップする仕組みがないため，地震発生時に閉じ込められる恐れがある。また，そのような事態が発生した場合，同時に広範囲にわたり数万方所のエレベータで，同様の事態が発生する可能性があり，救護要請をしても救助に数日以上の日数を要する恐れがある。

このため，万一に備え，エレベータ内に最低限の水・食料・懐中電灯・簡易トイレ・簡易毛布などを備えておき，数日間の閉じ込めに対応できるようにすべきである。そのような用具を収納でき，エレベータのデッドスペースにコンパクトに収納できる備蓄ボックスが市販されている。

—— 行间距太宽

—— 句首的符号看起来还没左对齐

—— 日文字体（MS Mincho）和
西文字体（Century）的搭配不合适

—— 照片未按照参考线对齐设置

◦ 由于多余的缩进较多，而且左对齐、居中对齐和右对齐混杂在一起，使左侧显得不整齐。

 **文字之间没有强弱对比，
整体的结构不清晰**

➡突出标题和小标题
➡在每个部分之间留出空白以明确整体的结构

提案書　スターマンション市ヶ山の防災について

スターマンション市ヶ山　理事長　市ヶ谷真

日本列島は地震活動期に入ったと言われている。また、南海トラフ巨大地震への備えも求められているところである。資産価値の維持のためにも、防災・減災のためにも、多様な手段で巨大地震に備えることが必要である。以下に、当マンションの防災について、提案を述べる。

【提案1　防災備蓄の整備】

政府の検討会の報告により、国の防災基本計画が見直され、各家庭につき1週間分の食糧・水などの備蓄が求められることとなった。食品アレルギー（food allergies）の問題・賞味期限管理の問題なども、共同住宅で一括管理するには水・食糧はなじまないものと考える。本提案ではそれらについては各家庭の責任において備蓄するものとする。ただ、共同一括購入などの便宜をはかり、各家庭での備蓄を支援したい。

共同住宅（apartment building）で備蓄すべきなのは、非常時に共同で使用でき、かつ使用期限が比較的長いものが考えられる。すなわち、救出用のバールやのこぎり・ロープ・ハンマー・スコップ・担架・カラーコーン（Super Security社）など、広報用のハンドマイク・ホワイトボードなどがそれである。なお広報用の用具は1階に配置するものとするが、救出用の用具については、当マンション（Ster Mansion）は14階建てであるので、エレベータの停止などを考慮し、中間階の第5階・10階の3か所に設置するのが望ましい。

【提案2　共用部の地震保険への加入】

当マンションは新耐震基準以降に建築されているので、一般的には最低限の耐震性は確保されているものと考えられる。しかし、東日本大震災においては、新耐震・旧耐震で被災状況には差がつかなかったという報告もある。

根本的な対策のためには耐震診断をし、必要な耐震補強をすべきであるが、耐震診断でも数百万円の費用がかかり、また時間的にも数か月の期間を要する。このため、セカンドベスト的な対応ではあるが、今すぐ可能な方法として、共用部の地震保険への加入を提案したい。地震保険は保険も割高で、かつ火災保険の半額までが支払いの上限金額となっており、保険だけで再建設費用をまかなうことはできない。しかし、地震による火災は、火災保険では補償されない。

また、被災時の公的支援制度は、現在のところ被災者生活再建支援制度のみとなっているため、地震保険が多少とも支援されれば、被災時の生活の再建の足しとなることが期待できる。

【提案3　エレベータ内装備品の設置】

当マンション設置のエレベータは旧式であり、地震を感知すれば自動的に最寄りのフロアにストップする仕組みがないため、地震発生時に閉じ込められる恐れがある。そのような事態が発生した場合、同時に広範囲にわたる数方面のエレベータで、同様の事態が発生する可能性があり、救護要請をしても救助に数日以上の日数を要する。

このため、万一に備え、エレベータ内に最低限の水・食糧・懐中電灯・簡易トイレ・簡易毛布などを備えておき、数日間の対応に対応できるようにすべきである。そのような用具を収納でき、エレベータのデッドスペースにコンパクトに収納できる備蓄ボックスなどが市販されている。

提案書
スターマンション市ヶ山の防災について
スターマンション市ヶ山　理事長　市ヶ谷真

日本列島は地震活動期に入ったと言われている。また、南海トラフ巨大地震への備えも求められているところである。資産価値の維持のためにも、防災・減災のためにも、多様な手段で巨大地震に備えることが必要である。以下に、当マンションの防災について、提案を述べる。

【提案1　防災備蓄の整備】

【提案3　エレベータ内装備用品の設置】

【提案2　共用部の地震保険への加入】

【提案4　防災トイレ設置用マンホールの設置】

■使用字体　標題：Hiragino Kaku Gothic ／ 小標題＆強調：Hiragino Kaku Gothic W6 ／ 正文：Yu Mincho ／ 英文和数字：Times New Roman

在对以文章为主的资料进行排版时，如果注意"对比"和"对齐"，资料就比较容易阅读。只要对每个部分进行聚拢，再让标题和小标题醒目些，资料就容易阅读了。句首的【】符号，需要花点工夫让它变得更美观（请参照P.55的TIPS）。另外，如右图所示，反复地使用印象深刻的小标题（粗体＋水平线），可以使整体的结构变得更加明确。

　　如果每行的长度太长，可以把文章分成2栏或3栏（缩短每行的长度）以提高可读性。分栏以后，字号还可以再调小些，这样就可以容纳更多的信息，还能节约版面！这在Word的任何版本中都可以轻松实现。插入图片和照片时，还要注意位置哦（不要超出小标题右边的空白，而且要注意参考线）。有的字体可能会自动扩大行间距（尤其是Meiryo字体），解决方法请参照P.47。

指定格式的资料

Before

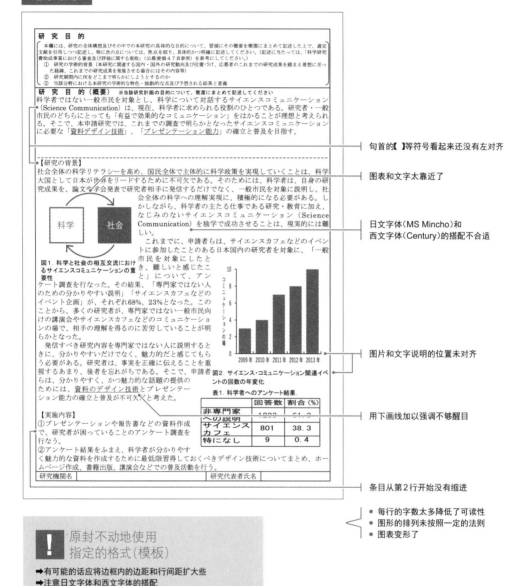

研究和文字说明的对齐对照：

- 句首的【 】等符号看起来还没有左对齐
- 图表和文字太靠近了
- 日文字体（MS Mincho）和西文字体（Century）的搭配不合适
- 图片和文字说明的位置未对齐
- 用下画线加以强调不够醒目
- 条目从第2行开始没有缩进

- 每行的字数太多降低了可读性
- 图形的排列未按照一定的法则
- 图表变形了

！ 原封不动地使用
指定的格式（模板）

➡有可能的话应将边框内的边距和行间距扩大些
➡注意日文字体和西文字体的搭配

After

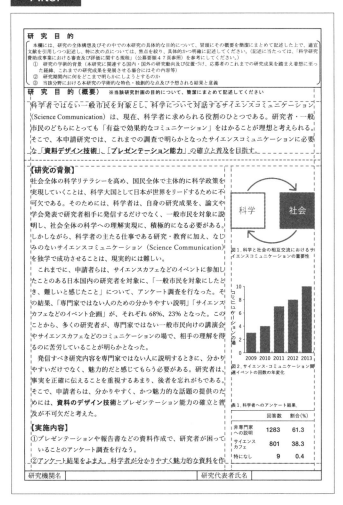

研究目的

本欄には、研究の全体構想及びその中での本研究の具体的な目的について、冒頭にその概要を簡潔にまとめて記述した上で、適宜文献を引用しつつ記述し、特に次の点については、焦点を絞り、具体的かつ明確に記述してください(記述に当たっては、「科学研究費助成事業における審査及び評価に関する規程」(公募要領47頁参照)を参考にしてください)。
① 研究の学術的背景(本研究に関連する国内・国外の研究動向及び位置づけ、応募者のこれまでの研究成果を踏まえ着想に至った経緯、これまでの研究成果を発展させる場合にはその内容等)
② 研究期間内に何をどこまで明らかにしようとするのか
③ 当該分野における本研究の学術的な特色・独創的な点及び予想される結果と意義

研究目的(概要)　※当該研究計画の目的について、簡潔にまとめて記述してください

科学者ではない一般市民を対象とし、科学について対話するサイエンスコミュニケーション(Science Communication)は、現在、科学者に求められる役割のひとつである。研究者・一般市民のどちらにとっても「有益で効果的なコミュニケーション」をはかることが理想と考えられる。そこで、本申請研究では、これまでの調査で明らかとなったサイエンスコミュニケーションに必要な「資料デザイン技術」、「プレゼンテーション能力」の確立と普及を目指す。

【研究の背景】

社会全体の科学リテラシーを高め、国民全体で主体的に科学政策を実現していくことは、科学大国として日本が世界をリードするために不可欠である。そのためには、科学者は、自身の研究成果を、論文や学会発表で研究者相手に発信するだけでなく、一般市民を対象に説明し、社会全体の科学への理解実現に、積極的になる必要がある。しかしながら、科学者の主たる仕事である研究・教育に加え、なじみのないサイエンスコミュニケーション(Science Communication)を独学で成功させることは、現実的には難しい。

これまでに、申請者らは、サイエンスカフェなどのイベントに参加したことのある日本国内の研究者を対象に、「一般市民を対象にしたとき、難しいと感じたこと」について、アンケート調査を行なった。その結果、「専門家ではない人のための分かりやすい説明」「サイエンスカフェなどのイベント企画」が、それぞれ68%、23%となった。このことから、多くの研究者が、専門家ではない一般市民向けの講演会やサイエンスカフェなどのコミュニケーションの場で、相手の理解を得るのに苦労していることが明らかとなった。

発信すべき研究内容を専門家ではない人に説明するときに、分かりやすいだけでなく、魅力的だと感じてもらう必要がある。研究者は、事実を正確に伝えることを重視するあまり、後者を忘れがちである。そこで、申請者らは、分かりやすく、かつ魅力的な話題の提供のためには、資料のデザイン技術とプレゼンテーション能力の確立と普及が不可欠だと考えた。

【実施内容】

①プレゼンテーションや報告書などの資料作成で、研究者が困っていることのアンケート調査を行なう。
②アンケート結果をふまえ、科学者が分かりやすく魅力的な資料を作

図1.科学と社会の相互交流におけるサイエンスコミュニケーションの重要性

図2.サイエンス・コミュニケーション関連イベントの回数の年度変化

表1.科学者へのアンケート結果.

	回答数	割合(%)
非専門家への説明	1283	61.3
サイエンスカフェ	801	38.3
特になし	9	0.4

研究機関名　　　　　　　　　研究代表者氏名

很多申请书和报告书都得使用指定的格式(模板)来书写。这里以科学研究经费的申请书为例,为大家介绍用Word制作模板内的文章和图片时需要注意的事项。

　　这些资料在标准设置下的行间距都很窄,留白也很少,生成的资料不好阅读。如果是Word资料,可以更改[表格属性]选项中的[单元格内的设置]的数值,来设定单元格内的边距。而行间距可以在[段落]设置中进行更改(请参照P.47)。这样一页内的字数会有所减少,但还是得优先考虑资料的易读性。毕竟申请书等资料的易读性才是最重要的。

　　设置照片和图片时,也要按照参考线对齐设置,还要确保文字和图片之间留出足够的空白。例如,在Word的[段落]设置中更改[右缩进的磅值],就可以确保图表右侧的空白。这样排版就简单多了,而因此造成的每行字数的减少还能提高可读性。另外如果从资料的可读性和排版的难易度考虑,推荐大家将文章分成两栏。

　　正文要使用细体明朝体或细体哥特体,小标题或强调之处要使用粗体哥特体,这是设计基础中的基础。另外还要注意日文字体和西文字体的搭配,不要将MS Mincho和Century等字体组合在一起。

使用字体　小标题&强调:Yu Gothic Bold / 正文:Yu Mincho Medium / 英文和数字:Adobe Caslon Pro

新闻公告

Before

 南仙台市　　　　プレスリリース

2014年6月28日
南仙台市作物研究推進部
ミックスベジタブル株式会社

— 标志和图像不要变形

報道機関各位

ミックスベジタブル株式会社と共同で「万能植物」の
開発に成功（2月初旬には順次店頭で販売）

— 明朝体不够醒目

— 【 】等符号出现在句首时未作调整

【背景と成果】
近年の異常気象の影響で、野菜や果物の価格高
騰が続いています。そのため比較的安価で野菜
（果物を含む）を調達することのできる家庭菜
園が流行の兆しを見せております。しかしなが
ら、とりわけ顕著な価格の高騰が起きている都
市部では、家庭菜園に必要な充分な土地を確保
できないという問題が生じていました。
　そこで、南仙台市作物研究推進部では、市内
に本社を置くミックスベジタブル株式会社と共
同で3ヶ月前より新たな野菜の開発に乗り出
し、このほどあらゆる野菜を収穫できる「万能
植物」の開発に成功しました。

唐辛子やトマト、パプリカなどを実らせる万能野菜

　この植物を直径20cm程度の植木鉢で栽培した場合、毎日最大5種類、重量にして1kgの野菜を
収穫することが可能です。またオプションとして、収穫する野菜の種類を36種類の候補の中から
10種類選ぶことが可能となっています（2015年までに候補を100種類まで増やす予定）。家族構
成や季節に応じてアレンジすることも可能です。また、特殊なダイヤモンド加工をしているの
で、害虫や病気により収穫量が変動することもありません。
【波及効果】
今回開発された「万能野菜」はベランダにもお財布にも優しいというだけではなく、各家庭への
安定的かつバランスのとれた食料供給を可能にすることで、人類の健康を支える基盤となるもの
と期待されます。なお、現在、当該植物のニックネームを募集しております。以下の問い合わせ
先までドシドシご応募下さい。

— 未完全居中对齐

本件に関する問い合わせ
南仙台市作物研究推進部　〒162-0846 宮城県南仙台市山左内町21-13　電話：0123-00-0000
電話：0123-00-0000
Webサイト：http://www.spaceelevator.jp

— 各要素未按照参考线对齐设置
— 文字太粗不易阅读
— 边框线太多太显眼

! 字体类型选择不当，
难以阅读

➡正文应使用细体字体，标题和小标题应使用哥特体

After

 南仙台市　　プレスリリース

2014 年 6 月 28 日
南仙台市作物研究推進部
ミックスベジタブル株式会社

報道機関各位

ミックスベジタブル株式会社と共同で「万能植物」の開発に成功（2 月初旬には順次店頭で販売）

【背景と成果】

近年の異常気象の影響で、野菜や果物の価格高騰が続いています。そのため比較的安価で野菜（果物を含む）を調達することのできる家庭菜園が流行の兆しを見せております。しかしながら、とりわけ顕著な価格の高騰が起きている都市部では、家庭菜園に必要な充分な土地を確保できないという問題が生じていました。

そこで、南仙台市作物研究推進部では、市内に本社を置くミックスベジタブル株式会社と共同で 3 ヶ月前より新たな野菜の開発に乗り出し、このほどあらゆる野菜を収穫できる「万能植物」の開発に成功しました。

唐辛子やトマト、パプリカなどを実らせる万能野菜

この植物を直径 20 cm 程度の植木鉢で栽培した場合、毎日最大 5 種類、重量にして 1 kg の野菜を収穫することが可能です。またオプションとして、収穫する野菜の種類を 36 種類の候補の中から 10 種類選ぶことが可能となっています（2015 年までに候補を 100 種類まで増やす予定）。家族構成や季節に応じてアレンジすることも可能です。また、特殊なダイヤモンド加工をしているので、害虫や病気により収穫量が変動することもありません。

【波及効果】

今回開発された「万能野菜」はベランダにもお財布にも優しいというだけではなく、各家庭への安定的かつバランスのとれた食料供給を可能にすることで、人類の健康を支える基盤となるものと期待されます。なお、現在、当該植物のニックネームを募集しております。以下の問い合わせ先までドシドシご応募下さい。

本件に関する問い合わせ
南仙台市作物研究推進部　〒162-0846 宮城県南仙台市山左内町21-13　電話：0123-00-0000
Webサイト：http://www.spaceelevator.jp

新闻公告具有将产品及成果向社会公布的重要作用。虽然很多组织、公司都有用来发布新闻公告的模板，但令人遗憾的是，似乎很少有模板能够只要简单地填写内容就可生成美观的资料。要将这些模板运用自如，精通设计方面的知识将大有帮助。让我们遵守设计的基本法则，充分展现内容所具有的魅力吧。

　　首先不要使用可读性较低的粗体哥特体来写文字。边框、图片、文章等所有的要素都要按照参考线对齐设置，使整体排列得整整齐齐。边框线太多太显眼往往是资料的败笔。添加边框时，要么使用细线条的边框线，要么填充边框的背景色，二者选一就行。而段间距大一些能使段落结构更明确，增加空白也能提高易读性。

　　如此一来，原本直接使用模板写成的难读的内容，也可以在不改变其基本版式的条件下追求更高的易读性。不过如果是常用的模板，我们还是希望模板自身能改善一些吧。

使用字体　标题＆小标题：Yu Gothic Bold ／ 正文：Yu Mincho Light

小册子的封面

Before

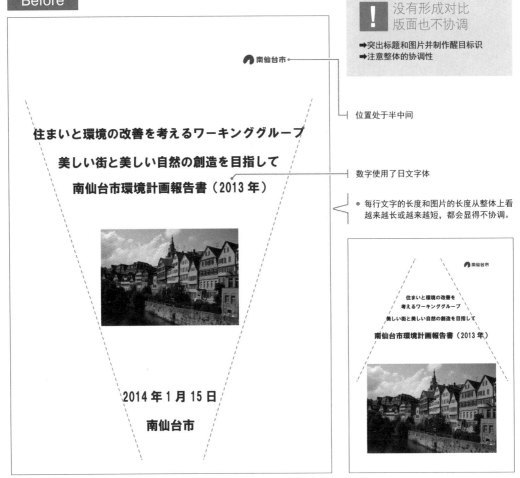

没有形成对比
版面也不协调

➡突出标题和图片并制作醒目标识
➡注意整体的协调性

位置处于半中间

数字使用了日文字体

• 每行文字的长度和图片的长度从整体上看
越来越长或越来越短，都会显得不协调。

封面就是资料的脸面，是决定人们是否有兴趣的第一步。在制作资料时，我们一定要时刻留意它的美观性、易读性和易理解性。在 **Before** 的例子中，文字的大小和粗细都太单一了，照片也不够醒目，所以给人留下的印象也不深刻，让人觉得资料做得不够用心。另外，正如红色虚线显示的那样，排版时每行文字的长度和图片的长度从整体上看越来越长或越来越短，都会显得不协调(具体请参照下一页的Column)，所以排版时也要考虑整体的协调性。

我们要更改文字的大小和粗细，并突出重要的标题。尽量放大照片，以便给人留下深刻的印象。当照片是全幅模式时，要根据需要更改文字的颜色或添加阴影等，以免降低文字的可读性和视认性。封面等信息量较少的页面，可以居中对齐，但是向左对齐并且上下左右按照参考线对齐排版的话，会让人觉得更加精练。日期和标志的位置也要按照参考线对齐哦，要不然看起来会轻飘飘的。

使用字体 标题：HGSSoeiKakugothicUB 或 Hiragino Kaku Gothic W6 ／ 其他：Meiryo ／ 英文和数字：Helvetica

Column ▶ 封面的协调性

行长要有长有短

每行的长度越来越短或越来越长，都会使版面显得不美观。大家要在文字的大小和换行的位置上花点心思，不要让文字和照片等要素按八字型或反向八字型排列。

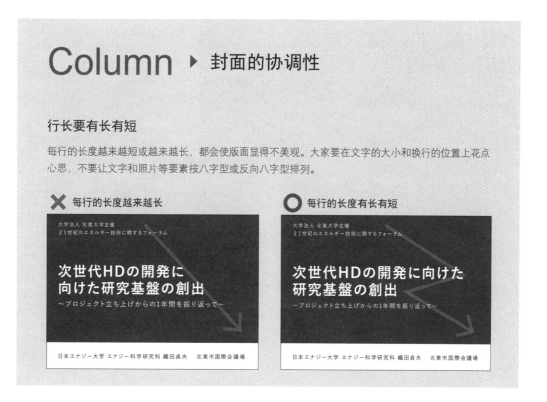

布告和传单

制作海报等布告资料以及传单等分发资料时，不仅要使用视认性高的字体，还要避免使用降低可读性的一些装饰。只要遵守法则，就一定能打造出极具魅力的布告和传单资料来。

活动通知海报

Before

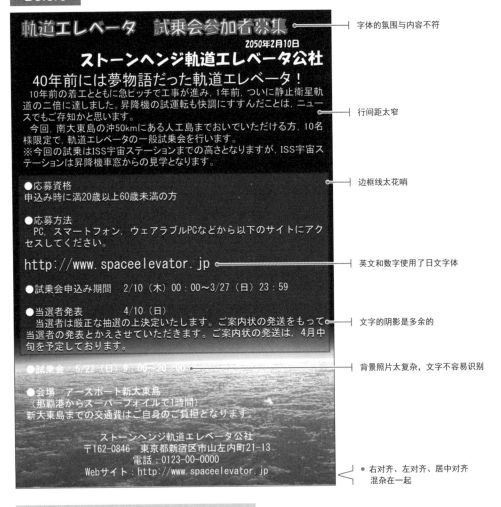

字体的氛围与内容不符

行间距太窄

边框线太花哨

英文和数字使用了日文字体

文字的阴影是多余的

背景照片太复杂，文字不容易识别

右对齐、左对齐、居中对齐
混杂在一起

> **!** 未整理信息
> 的结构
>
> ➡根据文字的重要性，加强文字大小和粗细的对比
> ➡明确各要素之间的从属关系和并列关系

活动海报、演讲海报等都得在第一眼就能吸引人的眼球，而且还要传达出"什么时间""做什么"的信息。不管怎么说，"标题"都是最重要的要素。首先要尽可能地将它扩大，引起读者的关注。如右图中呈现的标题和日期的跳跃率就非常高。

　　其他的信息并不是一成不变的大小，而且排版时要通过聚拢来明确信息的从属关系、并列关系。例如，把图中的"应募资格""应募方法"等作为小标题进行排版，将有助于读者对内容的理解。

　　通知海报等展示资料的内容如果写得太拥挤，会使人没有观看的兴趣。这时可以增加标题周围的空白或要素之间的空白，让资料显得清爽一些。

使用字体 标题：Meiryo（左）、Yu Mincho（右）／ 正文等：Yu Gothic ／ 英文和数字：Helvetica

Column ▸ 在印刷公司印刷时

角线和出血位

印刷公司通常会将好几页的资料排列在大尺寸的纸张上印刷，然后裁切成成品的大小（最终的大小）。因此，需要请印刷厂印刷资料时，为了显示裁切的位置，应在印刷内容的外侧设置"角线"。

即使设置了角线，裁切的位置多少也会有些误差，当文字等要素紧紧贴在裁切线上时，有时端头的文字就会被裁切掉。所以，不希望被裁切掉的要素要设置在距裁切线内侧**3mm**的地方哦。

另外，当背景有颜色或者背景是一张照片时，背景的设置要超出裁切线**3mm**（出血位）。这样即使裁切时有所误差，也不会让人看到白色的边界（纸张的颜色）。

顺便提一下，**Illustrator**软件有添加角线的功能。

不过，如果背景是白色就不一定需要角线。关于投稿方式（**MS Word**方式、**PDF**方式、**Illustrator**方式等）以及是否需要角线，都要提前和印刷公司确认。

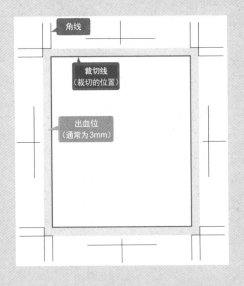

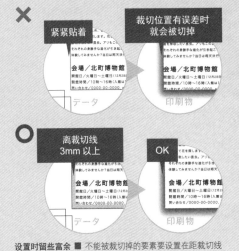

设置时留些富余 ■ 不能被裁切掉的要素要设置在距裁切线内侧**3mm**以上的地方。

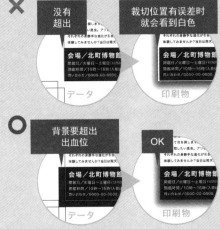

出血位 ■ 当背景有颜色或者背景是一张照片时，背景的设置要比裁切线超出3mm。

Before

字体类型、配色与商品的形象不符

➡减少颜色种类，使之具有统一性
➡避免过度装饰、避免使用POP字体

文字有边框
文字变形了
换行的位置不好

居中对齐、左对齐和右对齐混杂在一起

使用了圆角变形的圆角矩形
既有背景色又有边框颜色

照片变形了

● 展示资料中不适合使用MS Gothic字体
● 数字使用了日文字体

After

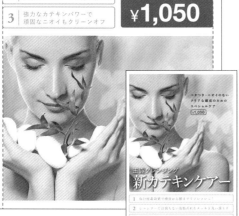

大家去商店的时候经常都能看到商品的促销海报，但是有很多海报制作得并不好。其实只要在文字的装饰及边框的添加方式上注意避免"不可以做的事"，就能大幅度增强它们的效果。例如，不要轻易为文字添加轮廓线，不要让文字变得模糊等。另外使用圆角矩形时要注意圆角不能发生变形。当然，文字、图片、图画、照片等元素不发生变形是基础中的基础。

促销海报如果能迎合商品的形象，那效果就更好了。哥特体给人强有力的印象，所以在这个例子中使用柔和的明朝体更为适宜。标题也很重要，所以得花点工夫让标题文字更紧凑些。而如果将文字设置成与照片背景相同的颜色，不仅有助于提高外在形象，还会令人觉得典雅。另外只要更改一下价格的颜色，就能起到强调和广告标识的作用了。

使用字体　标题：Yu Gothic Medium和Bold ／ 正文等：Yu Gothic Medium ／ 数字：Adobe Garamond Pro和Helvetica Neue

使用字体　标题：Yu Mincho Medium和Demibold ／ 正文：Yu Mincho ／ 数字：Adobe Garamond Pro和Helvetica Neue Neue

Before

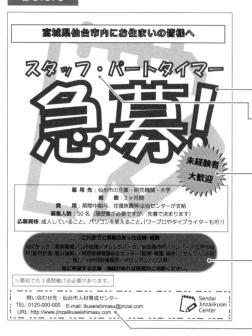

┤ 文字添加轮廓后不易识别

┤ POP 字体与氛围不符
　未进行字间缩排

┤ 因为行长较短而显得行间距太宽

┤ 圆角太大了
　既有背景色又有边框颜色

┤ 各要素未对齐

> **!** 边框和装饰太多，
> 让人难以专注于内容
>
> ➡最小限度地使用边框
> ➡减少醒目之处以突出个别重要之处

After

在海报等宣传资料中经常能看到不好的案例，有的一心为了突出效果而使用了太多的装饰。如果想强调的地方全都予以强调的话资料就会显得繁杂，所以只有重要的地方才需要制作得醒目些。比如在这个例子中，到处都使用了边框。现在我们换一种方式，利用留白将内容聚拢起来。使用边框时，只添加背景色，或使用稳重的边框颜色，关键词 "应募" 就足够引人注目的了，而且令人感觉很清爽。

另外，给文字添加轮廓后文字会变得不易识别。所以为强调的文字添加轮廓时，使用描边字体还要注意文字不能模糊不清（请参照 P.37）。

使用字体 标题：Yu Gothic&Meiryo ／ 正文：Meiryo

Column ▶ 色彩模式

RGB和CMYK

RGB色彩模式是通过混合红(Red)、绿(Green)、蓝(Blue)三种色光来得到颜色的模式(加法混合)，主要用于电视、电脑的屏幕以及投影。而**CMYK**色彩模式是利用光线透过青(Cyan)、洋红(Magenta)、黄(Yellow)、黑(Key Plate)四种颜色吸收后得到颜色的模式(减法混合)。印刷品都是采用**CMYK**模式来调制颜色的。

　　需要注意的是，**CMYK**模式与**RGB**模式相比只能呈现较少的颜色。例如，鲜艳的紫色、蓝色、绿色等颜色，能在屏幕(**RGB**模式)上呈现出来，但是却无法在印刷品(**CMYK**模式)中呈现出来。换句话说，采用**RGB**模式的资料在印刷后，会变成比屏幕颜色暗淡的颜色。

　　因此，用于印刷的资料需要指定使用**CMYK**模式。数码相机拍摄的图像也需要由**RGB**模式转换成**CMYK**模式。在**Illustrator**和**Photoshop**中制作用于印刷的资料时，可以将色彩模式设置为"**CMYK**色彩模式"，这样就可以转换成**CMYK**模式了。虽然在**Word**、**Excel**和**PowerPoint**中都没有**CMYK**色彩模式，但是在**Mac**系统中可以通过"**CMYK**选项(右下图)来设置颜色，以此回避在**CMYK**模式中无法呈现的颜色，这样就可以降低屏幕上的颜色与印刷品上的颜色的偏差。但是在**Windows**系统中只能避免使用荧光色和鲜艳的颜色(色彩饱和度和明度都极高的颜色)，除此之外没有其他方法。

RGB

CMYK

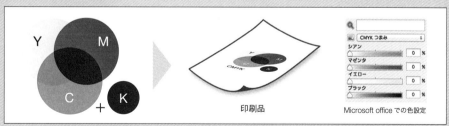

RGB和CMKY模式的比较 ■ **RGB**模式能呈现更丰富的颜色。当资料需要印刷时，应设置成**CMYK**模式，或是通过"**CMYK**选项"(在**Mac**系统的**MS Office**中)对颜色进行设置。另外，**RGB**的颜色和设计时显示的颜色比较接近。

传单

Before

字体类型与氛围不符

未进行字间缩排

文字有轮廓不易识别

多余的"··"号使它看起来还未左对齐

边框使用过度

文字变形了

- 居中对齐和左对齐混杂在一起
- 未按照参考线对齐排版
- 照片的大小太接近，很难明白哪个是重点

 信息的优先顺序不明朗，
难以把握内容

➡增强文字的对比，使其醒目程度不同
➡最小限度地使用边框

After

对传单等展示资料来说非常重要的一点是，必须让人第一印象或第一眼就能把握它的内容。在这些资料中根据单词或句子的重要性提高文字的跳跃率，效果是十分明显的。大号的文字和大幅的照片，也能产生极好的标识效果。而有兴趣的人才需要知道的信息(如本次活动的详细日程和联系地址等)，即使写得小一些也没有关系。

　　此外，因为字体类型会影响传单给人留下的整体印象，所以不建议大家使用有些幼稚的POP字体。另外圆角半径太大的圆角矩形并不好看，也尽量不要使用哦。因此，大家还是利用留白和聚拢来调整信息量较大的资料。

使用字体 标题：出岛明朝(免费字体) / 小标题&强调：Hiragino Kaku Gothic W6 / 正文：Hiragino Kaku Gothic W3 / 价格的数字：Helvetica

商品目录

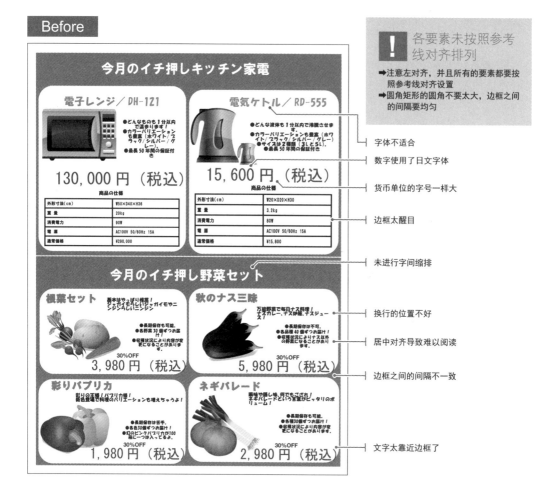

Before

各要素未按照参考
线对齐排列

➡注意左对齐，并且所有的要素都要按
照参考线对齐设置
➡圆角矩形的圆角不要太大，边框之间
的间隔要均匀

字体不适合

数字使用了日文字体

货币单位的字号一样大

边框太醒目

未进行字间缩排

换行的位置不好

居中对齐导致难以阅读

边框之间的间隔不一致

文字太靠近边框了

像商品目录这种项目多、图片多、文字多的资料，版式及文字的使用方法就变得尤为重要。不仅各个项目的上下左右要对齐设置，而且每一个项目里都含有图片、文字或表格，每个项目内部也得按照设定的参考线进行排版。只有这样，大量的信息才能排列得整整齐齐。

另外，字数较多时 POP 字体不便阅读，所以还是使用没有个性的哥特体或明朝体比较保险。

After

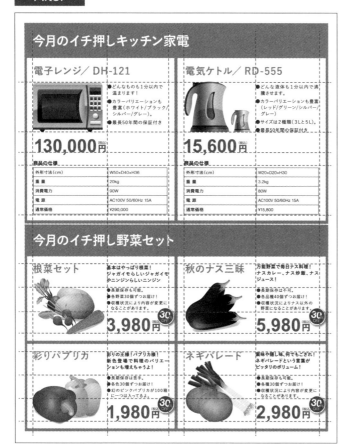

今月のイチ押しキッチン家電

電子レンジ／ DH-121

- どんなものも1分以内で温めます！
- カラーバリエーションも豊富（ホワイト／ブラック／シルバー／グレー）
- 最長50年間の保証付き

130,000円 （税込）

商品の仕様	
外形寸法（cm）	W50×D40×H36
重量	20kg
消費電力	90W
電源	AC100V 50/60Hz 15A
通常価格	¥290,000

電気ケトル／ RD-555

- どんな液体も1分以内で沸騰させます。
- カラーバリエーションも豊富（レッド／グリーン／シルバー／グレー）
- サイズは2種類（3Lと5L）。
- 最長50年間の保証付き。

15,600円 （税込）

商品の仕様	
外形寸法（cm）	W20×D20×H30
重量	3.2kg
消費電力	80W
電源	AC100V 50/60Hz 15A
通常価格	¥15,800

今月のイチ押し野菜セット

根菜セット

基本はやっぱり根菜！ジャガイモらしいジャガイモやニンジンらしいニンジン

- 長期保存も可能。
- 各野菜30個ずつお届け！
- 収穫状況により内容が変更になることがあります。

3,980円 30%OFF

秋のナス三昧

万能野菜で毎日ナス料理！ナスカレー、ナス炒飯、ナスジュース！

- 長期保存は不可。
- 各品種40個ずつお届け！
- 収穫状況によりナス以外の野菜になることがあります。

5,980円 30%OFF

彩りパプリカ

彩りの王様「パプリカ様」新色登場で料理のバリエーションも増えちゃうよ！

- 長期保存も可能。
- 各色30個ずつお届け！
- 幻のピンクパプリカが100箱に一つ入ってるよ。

1,980円 30%OFF

ネギパレード

風味や隠し味、何でもござれ！ネギパレードという言葉がピッタリのボリューム！

- 長期保存も可能。
- 各種30個ずつお届け！
- 収穫状況により内容が変更になることがあります。

2,980円 30%OFF

使用字体 标题：Yu Gothic Bold ／ 强调句：Yu Gothic Bold ／ 正文：Yu Gothic Medium ／ 价格的数字：Arial

---

补充　打破法则的法则

按照参考线进行排版就能打造出漂亮的资料，但是某些情况下可能还是会让人感觉到有所欠缺。这时，不妨试试不要按照参考线对齐设置。偏离参考线的文字或图片反而会成为重点，起到明显的标识作用。比如上面的例子中，写着 "30% OFF" 的红色圆圈就超出了参考线，变成了引人注目的广告标识。这种技巧只有在 "其他所有的部分都遵守法则" 的情况下才有效。当然，并不是把它设置在参考线外的任意地方都行，因为还有新的版式法则等着它。

索引

图书在版编目（CIP）数据

超越平凡的版式设计：解密版式设计的四大法则 /
（日）高桥佑磨，（日）片山夏著 ；林莉莉译. -- 北京 ：
人民邮电出版社，2017.6
ISBN 978-7-115-44165-2

Ⅰ．①超… Ⅱ．①高… ②片… ③林… Ⅲ．①版式—
设计 Ⅳ．①TS881

中国版本图书馆CIP数据核字(2017)第002971号

版 权 声 明

内 容 提 要

设计师们进行一些有目的的设计，也就是有意识地向目标群体传达一些信息，这就要求其必须具有良好的表现力。但是在设计的过程中，总是会有各式各样的烦恼，中西文字体该如何设置？层级标题该如何更好地体现？图形图表又该如何美化？整体的版式应该如何恰如其分地表现所要传达的内容？那请翻阅本书吧，里面有你所想要的答案。

本书共分 5 章，主要解密了版式设计当中运用最多的四大法则：字体类型的设计法则、文章条目的设计法则、图形图表的设计法则和版式配色的设计法则。是不是分分钟钟都戳中了你的痛点？在本书的最后还通过 20 个版式案例进行 Before 与 After 的对比，直接点出版式设计作品的优劣之处，让读者在欣赏的同时也能提高自己的审美和设计能力，让版式设计不再抽象。

本书适合从事版式设计相关工作的设计师阅读。

◆ 著　　　　 [日]高桥佑磨
　　　　　　 [日]片山夏

　 译　　　　 林莉莉

　 责任编辑　 王 铁

　 责任印制　 陈 犇

◆ 人民邮电出版社出版发行　　 北京市丰台区成寿寺路 11 号
　 邮编　100164　 电子邮件　315@ptpress.com.cn
　 网址　http://www.ptpress.com.cn
　 北京捷迅佳彩印刷有限公司印刷

◆ 开本：800 ×1000　1/16
　 印张：11　　　　　　　　　　2017 年 6 月第 1 版
　 字数：442 千字　　　　　　　2017 年 6 月北京第 1 次印刷
　　　　　著作权合同登记号　图字：01-2016-2842 号

定价：69.80 元
读者服务热线：(010)81055296　印装质量热线：(010)81055316
反盗版热线：(010)81055315
广告经营许可证：京东工商广字第 8052 号